KÄLTEPROZESSE

DARGESTELLT MIT HILFE DER ENTROPIETAFEL

VON

DIPL.-ING. PROF. P. OSTERTAG

DIREKTOR AM TECHNIKUM DES KANTONS ZÜRICH
IN WINTERTHUR

ZWEITE, VERBESSERTE AUFLAGE

MIT 72 TEXTABBILDUNGEN
UND 6 TAFELN

SPRINGER-VERLAG BERLIN HEIDELBERG GMBH 1933

ISBN 978-3-662-35738-5   ISBN 978-3-662-36568-7 (eBook)
DOI 10.1007/978-3-662-36568-7
SOFTCOVER REPRINT OF THE HARDCOVER 2ND EDITION 1933

Vorwort.

In der vorliegenden Neubearbeitung ist die Eigenart der ersten Auflage beibehalten. Sie äußert sich hauptsächlich in der Benützung des Entropiediagramms zur Darstellung der verschiedenen Kälteprozesse. Diese Methode führt zu einer überaus einfachen und klaren Lösung aller einschlägigen Aufgaben, was insbesondere aus den zahlreichen beigefügten Beispielen hervorgeht.

Die allmählich mit Erfolg zur Verwendung gelangenden mehrstufigen Verfahren haben zu einer Erweiterung des Abschnittes über die Dampf-kompressionsprozesse geführt. Unter besonderen Umständen ist der Turbokompressor an Kälteanlagen verwendbar; seine bauliche Eigenart wird an einigen typischen Ausführungen gezeigt.

Der Abschnitt über Wärmedurchgang ist stark beschnitten worden; für eingehende Behandlung der auftretenden Fragen darf auf die heute vorhandenen Sonderwerke verwiesen werden. Um den Umfang der ersten Auflage ungefähr beizubehalten, wurde auf die Behandlung der Absorptionskältemaschine verzichtet, ebenso auf das Problem der Herstellung fester Kohlensäure.

Zu den drei TS-Tafeln der gebräuchlichsten Kälteträger ist die TS-Tafel eines der zahlreichen neueren Kältestoffe beigefügt, der sich für Turbokompressoren zweckmäßig verwenden läßt. Außerdem enthält die Schrift zwei ip-Tafeln (Mollier), deren Verwendung gezeigt wird.

Winterthur, im Februar 1933.

P. Ostertag.

Inhaltsverzeichnis.

I. Thermodynamische Grundlagen.

1. Einleitung.

Die Aufgabe einer Kälteanlage besteht darin, die Temperatur eines Körpers unter diejenige seiner Umgebung zu bringen und sie auf dieser tieferen Stufe dauernd zu erhalten. Als abzukühlende Körper kommen hauptsächlich die Luft in Kühlräumen und das Wasser zur Eisbildung in Betracht. Am Orte der Kältewirkung fällt Wärme aus der Umgebung ein und muß fortwährend aus dem kalten Raum weggeschafft werden, damit sich dort die tiefe Temperatur einstellt und erhalten bleibt. Eine solche Überführung von Wärme verlangt einen dazu geeigneten Stoff, den sog. „Kälteträger", dessen Temperatur trotz der Wärmeaufnahme noch tief genug bleibt, um die beabsichtigte Wirkung zu erreichen.

Bevor dieser Kälteträger in den zu kühlenden Raum gelangt, muß er auf die genügend tiefe Temperatur gebracht werden. Dieser Vorgang kann aber nicht durch Wärmeleitung geschehen, denn ein Überfließen der Wärme von einem kälteren Körper zu dem wärmeren Kühlwasser ist unmöglich. Die Temperatursenkung läßt sich einzig durch Arbeitsleistung hervorbringen.

Als Kälteträger eignen sich vorzugsweise Dämpfe, die in flüssigem Zustand abgekühlt werden. Die Kältewirkung entsteht während der Verdampfung der kalten Flüssigkeit, wozu die Verdampfungswärme benötigt wird, ohne daß dabei eine Temperatursteigerung eintritt. Auch Gase — insbesondere Luft — können Kältewirkungen hervorrufen, ihre Abkühlung erfolgt durch Abgabe von Arbeit während der Ausdehnung; ihre Kältewirkung findet bei steigender Temperatur statt.

Nun zeigt die Erfahrung, daß die Überführung einer Wärme aus einer tiefen Temperatur zu einem Körper mit höherer Temperatur nur vor sich geht, wenn gleichzeitig Arbeit aufgewendet wird. Diese „Förderung" der Wärme auf eine höhere Temperaturstufe geschieht im Kompressor, er übernimmt die ähnliche Rolle wie eine Pumpe, die Wasser von einem tieferen zu einem höheren Standort hebt.

Auf der höheren Temperaturstufe gibt der Kälteträger nicht nur die eingenommene Wärme an das Kühlwasser ab, sondern zudem noch den Wärmewert der von außen zugeführten Verdichtungsarbeit. Der Kältevorgang besteht demnach aus 4 Teilen:

1. Erzeugung der tiefen Temperatur durch Leistung von innerer oder äußerer Arbeit.

2. Wärmeaufnahme am Orte der Kälteerzeugung (Kälteleistung).

3. Förderung dieser Wärme auf eine höhere Temperaturstufe.

4. Abgabe der aufgenommenen und der als Arbeit zugeführten Wärme.

Nach Beendigung dieser vier Zustandsänderungen ist der Anfangszustand wieder erreicht, und der Kälteträger kann den geschlossenen Kreisprozeß von neuem durchlaufen.

Wird zur Erzeugung einer Kälteleistung Q_2 die Arbeit L (in mkg) benötigt, so hat der Kühler die Gesamtwärme

$$Q_1 = Q_2 + AL$$

aufzunehmen; hierin bedeutet $1/A = 427$ mkg das mechanische Äquivalent der Wärme. Man nennt das Verhältnis

$$\varepsilon = Q_2/AL$$

die Leistungsziffer; sie bedeutet die Kälteleistung, die aus jeder Wärmeeinheit der zugeführten Arbeit gewonnen wird.

Bezieht man diese drei Wärmen Q_1, Q_2 und AL auf 1 kg des Stoffes, von dem das Gewicht G in der Stunde durch die Anlage fließt, so ist die ganze Kälteleistung in der Stunde

$$Q_0 = Q_2 \cdot G$$

und der Energiebedarf $N = \dfrac{G\,(AL)\,427}{75 \cdot 3600} = \dfrac{G\,(AL)}{632}$

oder $N = \dfrac{Q_0\,(AL)}{Q_2\,632},$

hieraus erhält man die Kälteleistung auf 1 PS in der Stunde

$$K = \frac{Q_0}{N} = 632\,\frac{Q_2}{AL} = 632 \cdot \varepsilon.$$

Dieser Wert ist demnach nur durch den konstanten Faktor 632 von der Leistungsziffer ε verschieden und dient statt ihr zur Beurteilung des Energieumsatzes.

2. Der ideale Kreisprozeß in der Kälteanlage.

Bei den wärmetechnischen Vorgängen sind nicht nur die Veränderungen von Druck, Temperatur und Volumen von Wichtigkeit, sondern auch das Verhalten einer weiteren Zustandsgröße, die von Clausius den Namen Entropie (Verwandlungswert) erhalten hat. Der Ausgangspunkt zur Erklärung dieses Begriffes bildet die Wärme, durch deren Verwandlung die Zustandsänderung oder der Kreisprozeß hervorgerufen wird.

Nach dem ersten Hauptsatz der Wärmelehre sind Wärme und Arbeit gleichwertig, und zwar entspricht der Wärmeeinheit (1 kcal) eine Arbeit von 427 mkg.

Die Verwandlung kann nach zweierlei Richtungen erfolgen. Setzt man Arbeit in Wärme um, z. B. durch Reibung, so erscheint die ganze

Arbeit vollständig als gleichwertige Wärme, also aus je 427 mkg eine Wärmeeinheit (kcal). Will man aber den umgekehrten Vorgang ausführen, d. h. Wärme in Arbeit umsetzen, so ist dies auch in der verlustfreien, idealen Maschine nur zum Teil möglich, der andere Teil ist nicht verloren, aber er muß als Wärme abgeführt werden, er beteiligt sich an der Verwandlung nicht. Der wirklich in Arbeit umgesetzte Teil ist um so größer, je größer das Temperaturgefälle zwischen dem verfügbaren Wärmevorrat und der abzuführenden Wärme ist.

Man ist daher berechtigt, jede Wärmemenge allgemein als einen Energievorrat aufzufassen; er hat mit jeder anderen Energieform die Eigenschaft, daß er sich aus zwei Faktoren zusammensetzt. Der eine Faktor ist die Temperatur (Intensität), die dieser Wärme zugehört; er entspricht bei gespanntem Wasser dem Druck, bei elektrischem Strom der Anzahl Volt usw. Der andere Wärmefaktor wird Entropie genannt (Extensität); er entspricht der Menge des Druckwassers, der Stromstärke bei elektrischer Energie usw.

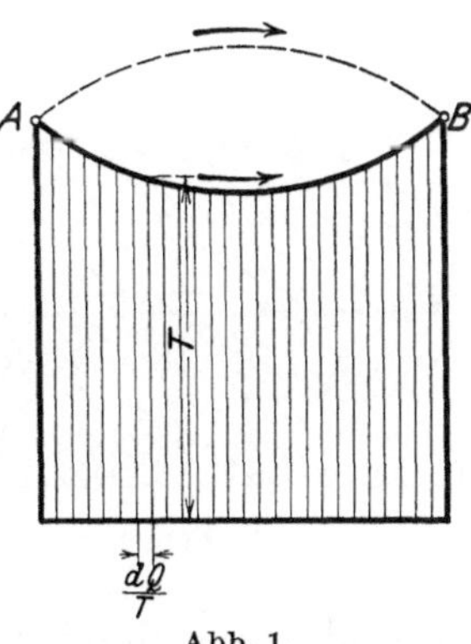

Abb. 1.

Zwei Wärmen mit denselben Temperaturen verdoppeln die Intensität ebensowenig, wie zwei Wassermassen in gleicher Gefällshöhe; die Intensitäten lassen sich demnach nicht addieren. Dagegen ist dies bei den Extensitäten der Fall (Entropie bei Wärmeenergie, Wassermenge bei hydraulischer Energie).

Jede Zustandsänderung läßt sich durch die dabei auftretenden Wärmevorgänge darstellen. Bewirkt in einem kurzen Zeitabschnitt die Wärme dQ eine Veränderung, ohne daß sich dabei die Temperatur T merklich ändert, so kann dieser eine Wärmefaktor T als Ordinate, der andere Wärmefaktor dQ/T als Abszisse aufgetragen werden (Abb. 1). Der entstandene Flächenstreifen stellt in seinem Inhalt die Wärme dQ dar. Für die Zustandsänderung von A nach B ist die Abszisse als Summe aller Breiten dQ/T der ganze Entropiezuwachs zwischen A und B. Die Summe der Flächenstreifen bedeutet die Gesamtwärme (senkrecht schraffierte Fläche), die zur Änderung des Zustandes von A nach B nötig ist; der Vorgang ist dadurch im Entropiediagramm dargestellt.

Verläuft die Zustandsänderung auf irgendeinem anderen Wege von A nach B (gestrichelte obere Linie), so wird an der Breite des Diagramms nichts geändert. Hieraus folgt, daß der Entropiezuwachs unabhängig ist von der Art der Änderung, er bedeutet demnach eine Zustandsgröße des Punktes B gegenüber dem Anfangspunkt A.

Führt man den von A nach B gelangten Körper auf demselben Wege wieder nach A zurück, so ist dieselbe Zustandsänderung im umgekehrten Sinn durchlaufen worden.

Führt man den Körper auf einem anderen Weg in denselben Anfangszustand nach A zurück, so hat er einen **umkehrbaren Kreisprozeß** $ABCDA$ durchlaufen (Abb. 2). Der Flächenstreifen unter dem Kurvenstück ABC ist die bei niedrigen Temperaturen zugeführte Wärme Q_2 (von links oben nach rechts unten schraffiert), der unter dem Kurvenstück CDA liegende Flächenstreifen — ebenfalls bis zur Abszissenachse OO gemessen — ist die bei höheren Temperaturen abgeführte Wärme Q_1 (von rechts oben nach links unten schraffiert). Der Unterschied $Q_1 - Q_2$ beider Wärmen ist die zum Kreisprozeß nötige Arbeit, um die Wärme Q_2 auf die höheren Temperaturen zu bringen. Diese Wärmefläche wird von den Zustandskurven allseitig eingeschlossen. Hierbei sind die Punkte A und C als Berührungspunkte der beiden äußersten Ordinaten angenommen. Man erkennt aus der Abbildung, daß die beiden fraglichen Wärmen dieselben Entropien besitzen, d. h. die Entropie des ganzen umkehrbaren Kreisprozesses hat keine Änderung erfahren.

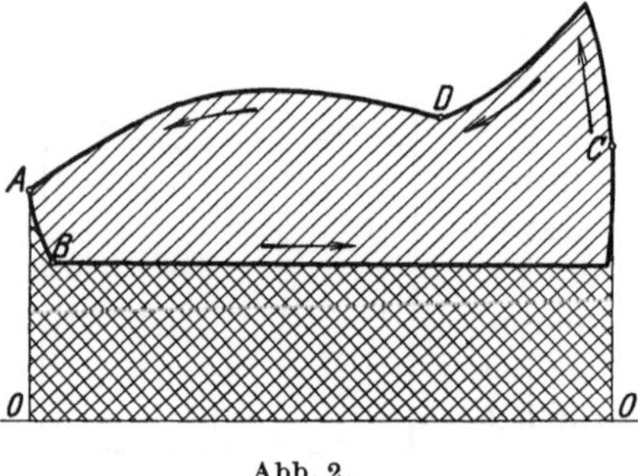

Abb. 2.

Solche umkehrbaren Kreisprozesse sind Idealvorgänge, die anzustreben sind, die aber zufolge der Unvollkommenheiten der Einrichtungen nicht erreicht werden. Jeder nicht umkehrbare Teil eines Kreislaufes läßt sich auf einen Wärmeübergang durch Leitung, d. h. ohne Arbeitsverrichtung zurückführen. Ein solcher Übertritt von selbst kann aber nur von einem wärmeren zu einem kälteren Körper stattfinden; er ist also durch einen Temperaturabfall bedingt, wobei die Menge unverändert bleibt, daher muß die Entropie zunehmen. Alle Abweichungen vom idealen umkehrbaren Prozeß sind demnach mit einem Wachsen der Entropie verbunden (Wärmezerstreuung). Dieses Verhalten wird als zweiter Hauptsatz der Wärmelehre bezeichnet (Entropiesatz).

Eine Maschine zur Umsetzung von Energie im allgemeinen kann als **vollkommen** bezeichnet werden, wenn nicht nur jegliche Reibung vermieden ist, sondern wenn die Maschine während ihrer Tätigkeit nur unendlich wenig vom Gleichgewichtszustand abweicht; ihre Bewegung hält sich alsdann durch einen verschwindend kleinen Kraftüberschuß aufrecht.

Hierzu kommt bei einer **vollkommen kalorischen Maschine** die Bedingung, daß die im Prozeß auftretenden Wärmeübergänge bei verschwindend kleinen Temperaturunterschieden vor sich gehen können. Solche ideale Wärmeübergänge verlangen unendlich große Berührungsflächen. Jeder Übergang durch eine endlich begrenzte Fläche geschieht mit endlichem Temperaturabfall, der bei der Kraftmaschine für die Arbeitsleistung verloren geht. Bei der Kältemaschine bedeutet eine endlich begrenzte Durchgangsfläche eine Erhöhung der Temperaturstufe und damit eine Vermehrung des Arbeitsbedarfes zur Erzielung ein und derselben Kälteleistung.

Die in den kalorischen Maschinen auftretenden großen Temperaturunterschiede sollen nicht durch Wärmeübergänge, sondern durch Arbeitsumsetzungen hervorgebracht werden. Ein solcher Kreisprozeß ist umkehrbar; er trägt als Kennzeichen die höchste und tiefste Tempera-

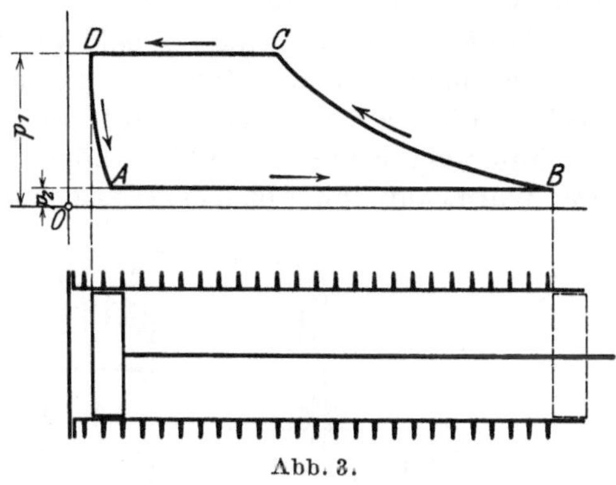

Abb. 3.

tur, zwischen denen er sich vollzieht. Die Entropie hat sich im Verlaufe des ganzen Prozesses dabei nicht geändert.

Der Idealprozeß der Kältemaschine kommt zustande, wenn die Wärmeübergänge ausschließlich bei diesen äußersten Temperaturen erfolgten, d. h. wenn die Wärmezufuhr und der Wärmeentzug bei unveränderlicher Temperatur vor sich gehen (isothermisch). Ferner sind die Zustandsänderungen von der einen zur anderen Temperatur einzig durch Arbeitsleistung, also ohne Wärmeübergänge zu vollziehen (adiabatisch). Dieser von Carnot aufgestellte Kreisprozeß kann in Rücksicht auf die vorliegende Verwendung wie folgt erklärt werden:

1. **Zustandsänderung.** Der Kälteträger befinde sich nach Abgabe der Wärme Q_1 unter dem hohen Druck p_1 und der entsprechend hohen Temperatur t_1 in einem Zylinderraum (Abb. 3), dessen rei-

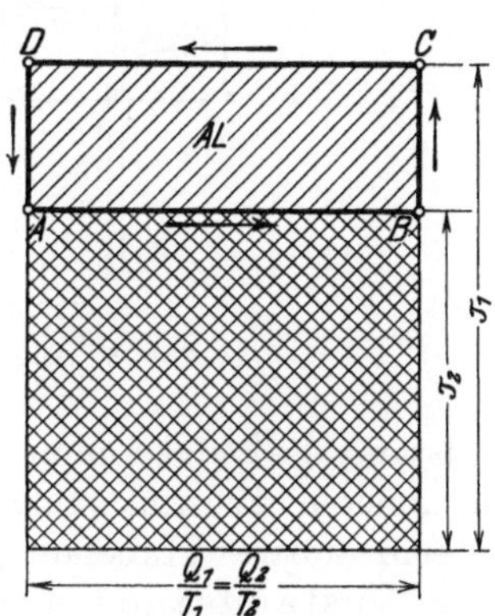

Abb. 4. Kreisprozeß von Carnot.

bungsloser Kolben — wie gezeichnet — am Hubanfang steht. Um den am meisten vorkommenden Fall zugrunde zu legen, sei der Kälteträger in dem durch Punkt D dargestellten Zustand als Flüssigkeit angenommen. Nun ist zunächst die tiefe Temperatur T_2 herzustellen, die den Kälteträger befähigt, Wärme aus der Umgebung aufzunehmen. Diese Zustandsänderung muß ohne Wärmeübergang erfolgen (adiabatisch). Es darf sich daher im Entropiediagramm (Abb. 4) keine Wärmefläche bilden. Hieraus folgt, daß dort die Adiabate als eine Senkrechte zur Abszissenachse zu

zeichnen ist (Kurve DA in Abb. 3, Gerade DA in Abb. 4). Bei diesem
Vorgang ist der Zylinder mit einem schlechten Wärmeleiter umhüllt zu
denken. Der Kolben geht etwas vorwärts und empfängt Expansionsarbeit, wobei ein Teil der Flüssigkeit verdampft.

2. Zustandsänderung. Sobald die tiefe Temperatur T_2 erreicht
ist, denkt man sich den Zylinder mit dem kalt zu haltenden Körper
umgeben; die Kälteleistung Q_2 wird nun dem letzteren entzogen, wobei
seine Temperatur nur unmerklich höher als T_2 stehen darf. Während
dieser Wärmeaufnahme bleiben Druck und Temperatur des Kälteträgers

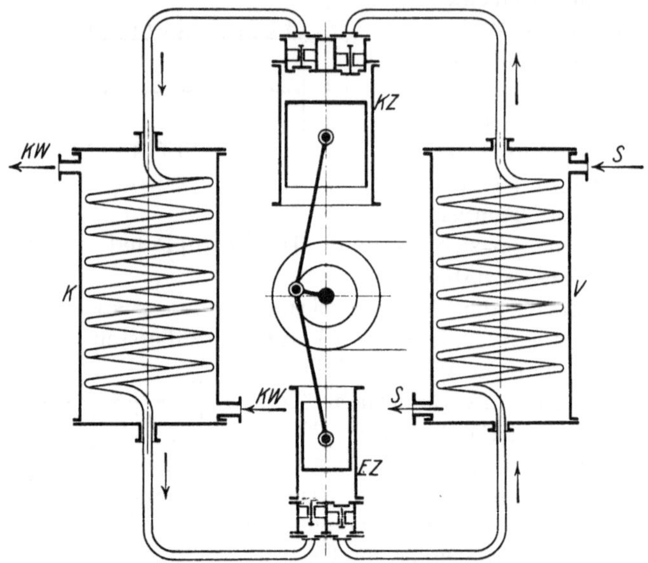

Abb. 5. Allgemeines Schema der Kältemaschine.

konstant, die aufgenommene Wärme wird einzig zur Verdampfung, d. h.
zur inneren Arbeitsleistung verwendet und der Kolben läuft vorwärts
an sein äußeres Hubende (Strecke AB, Abb. 3 u. 4).

3. Zustandsänderung. Um die eingenommene Wärme Q_2 auf die
höhere Temperaturstufe T_1 zu bringen, geht der Kolben zurück und
verdichtet den gebildeten Dampf. Damit diese Kompression ohne
Wärmeübergang stattfinde (adiabatische Linie BC), ist der Zylinder von
einem Nichtleiter umhüllt zu denken.

4. Zustandsänderung. Um den Anfangszustand D wieder zu
erreichen, erfolgt nun die Abgabe der Wärme Q_1. Dabei ist der Zylinder
auf der Strecke CD mit Kühlwasser zu umgeben, dessen Temperatur
nur unmerklich kleiner als T_1 sein darf. Diese Wärmeabgabe bewirkt
die Kondensation des Dampfes; Druck und Temperatur bleiben während
dieses letzten Vorganges konstant und der Kolben gelangt schließlich

in seine Anfangsstellung zurück. Hierbei ist die Voraussetzung gemacht, der Dampf befinde sich zu Beginn der Wärmeentziehung im trocken gesättigten Zustand. Diese Voraussetzung kann durch frühzeitigen Beginn der Kompression erreicht werden.

Die in Abb. 3 benützte Einrichtung besteht in ihrer denkbar einfachsten Gestalt nur aus einer Kolbenmaschine, in deren Zylinder nicht nur Expansion und Kompression vor sich gehen, sondern deren Zylinderwände auch noch die Wärmeübergänge vermitteln. Eine derartige Vereinigung aller Vorgänge kann für die Erläuterung des Prinzipes dienen, ist aber für die Ausführung undenkbar.

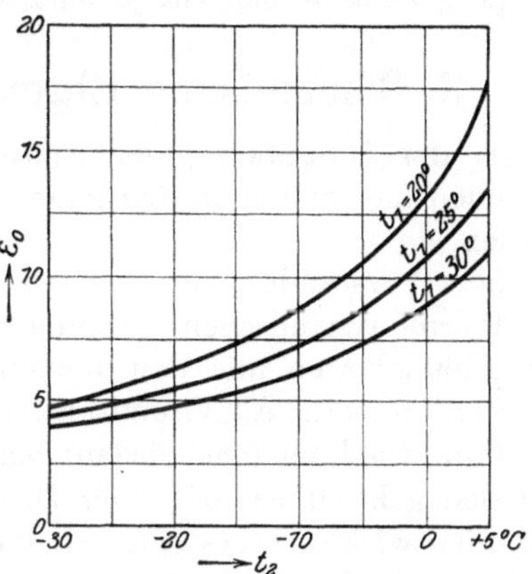

Abb. 6. Verlauf der Leistungsziffer.

Um den Carnotschen Kreisprozeß der Verwendbarkeit entgegenzuführen, sind für jede der vier Zustandsänderungen gesonderte Organe anzuordnen, dadurch wird im Wesen des Vorganges nichts geändert. Die adiabatische Expansion erfolgt im Expansionszylinder EZ (Abb. 5); darauf wird im Kälteentwickler (Verdampfer) V die Wärme Q_2 aus der kalten Umgebung aufgenommen; daran schließt sich die adiabatische Verdichtung im Kompressor KZ; endlich vollzieht sich im Kühler K (Kondensator) der Wärmeentzug, worauf der Prozeß von neuem beginnen kann. Im Verdampfer V wird die Sole S abgekühlt, im Kondensator K das Kühlwasser erwärmt.

Der thermische Vorgang ist aus dem Entropiediagramm (Abb. 4) besonders deutlich ersichtlich. Die beiden Wärmen sind Rechteckflächen, ihr Unterschied ist die zum Prozeß nötige Arbeit

$$AL = Q_1 - Q_2.$$

Diese Fläche wird von den vier Kurven des Kreisprozesses eingeschlossen. Da beide Rechtecke dieselbe Breite haben, ist

$$\frac{Q_1}{T_1} = \frac{Q_2}{T_2}.$$

Damit ergibt sich für die Leistungsziffer des Carnotschen Prozesses die Beziehung

$$\varepsilon_0 = \frac{Q_2}{AL} = \frac{T_2}{T_1 - T_2}.$$

Aus dieser Gleichung folgt:

Der Idealprozeß ist unabhängig von der Natur des Kälteträgers.

Die Leistungsziffer ist um so größer, je kleiner der Temperaturunterschied ist, um den die Wärme gefördert werden muß.

Bei allen Kälteanlagen soll demnach die Temperatursenkung nur so tief vollzogen werden, als zur Wärmeaufnahme aus der Umgebung gerade nötig ist.

Rechnet man für verschiedene Temperaturen t_1 und t_2 die Leistungsziffer aus, so erhält man das in Abb. 6 dargestellte Bild.

In derselben Weise verläuft die Kurve für die Kälteleistung k_0 bezogen auf 1 PS/h, da $k_0 = 632 \cdot \varepsilon_0$.

Man erkennt daraus, daß diese Kälteleistung selbst bei idealem Vorgang veränderlich ist, je nach der Größe der beiden Temperaturen.

3. Thermische Eigenschaften der Dämpfe.

Da der Dampfkompressionsprozeß die weitaus größte Verbreitung gefunden hat, soll er in den folgenden Abschnitten eingehend behandelt werden.

Zum Verständnis der Aufgabe werden zunächst in kurzen Zügen die thermodynamischen Grundlagen in Erinnerung gebracht, die bei den Flüssigkeiten und den aus ihnen sich entwickelnden Dämpfen zu beobachten sind. Als Grundtatsache ist stets vor Augen zu halten, daß die Dampfbildung (das Sieden) bei einer ganz bestimmten Temperatur vor sich geht, die einzig vom Druck abhängig ist, der im Raume der Dampfentwicklung besteht. So lange dieser Druck sich nicht ändert, bleibt auch die Siedetemperatur unverändert bis der letzte Tropfen Flüssigkeit verdampft ist, soviel Wärme auch zugeführt wird.

Dieselbe Eigenschaft läßt sich bei der umgekehrten Zustandsänderung beobachten. Wird dem gesättigten Dampf Wärme entzogen, so tritt sofort die Rückbildung zur Flüssigkeit ein (Kondensation), ohne daß sich die Temperatur ändert, solange der Druck der gleiche bleibt. Da die beiden Werte sich entsprechen, ist nur nötig, den Druck zu messen, mit ihm kann die Temperatur aus einer Zahlentafel oder aus einem Kurvenblatt abgelesen oder aus einer Gleichung ausgerechnet werden. Die gleichen Dampftafeln enthalten die spezifischen Volumen v' der Flüssigkeit und v'' des Dampfes.

Von größter Bedeutung für die nachfolgenden Aufgaben ist die Frage nach der Wärme, die in einem Kilogramm der Flüssigkeit oder des Dampfes enthalten ist. Ganz allgemein betrachtet, wird eine dem Körper zugeführte Wärme dQ zu zwei Teilen verwendet, der eine Teil erhöht die innere Wärmeenergie um du, der andere Teil wird bei der auftretenden Ausdehnung (Volumvergrößerung dv) in äußere Arbeit zur Überwindung des auf dem Körper lastenden Druckes p aufgewendet. Dieser Vorgang kann daher in die Form gefaßt werden

$$dQ = du + A\,p\,dv.$$

Bei überhitzten Gasen und Dämpfen kennzeichnet sich die Energie du durch die Temperaturerhöhung, bei gesättigten Dämpfen tritt eine

Änderung des Aggregatzustandes ein, die mit einer Änderung der Wärmeenergie verbunden ist.

Aus diesen Darlegungen folgt, daß man den Körper schon in seinem
Anfangszustand vor der Wärmezufuhr mit einer inneren Energie u und
einer aufgewendeten Arbeitsmenge $A\,pv$ behaftet denken kann. Man
nennt deshalb allgemein

$$i = u + Apv$$

den **Wärmeinhalt** des Körpers. Verwenden wir diese Bezeichnung für
die in Dampf umzusetzende Flüssigkeit und bezeichnen

i' Wärmeinhalt von 1 kg
Flüssigkeit (von 0^0 an gezählt),

u' die innere Energie von
1 kg Flüssigkeit (von 0^0 an
gezählt),

p_0 den Sättigungsdruck
der Flüssigkeit bei 0^0 C,

p den Sättigungsdruck
der Flüssigkeit bei t^0,

v_0' das spezifische Volumen der Flüssigkeit bei 0^0 C,

v' das spezifische Volumen der Flüssigkeit bei t^0,
so kann man für den
Wärmeinhalt der Flüssig-

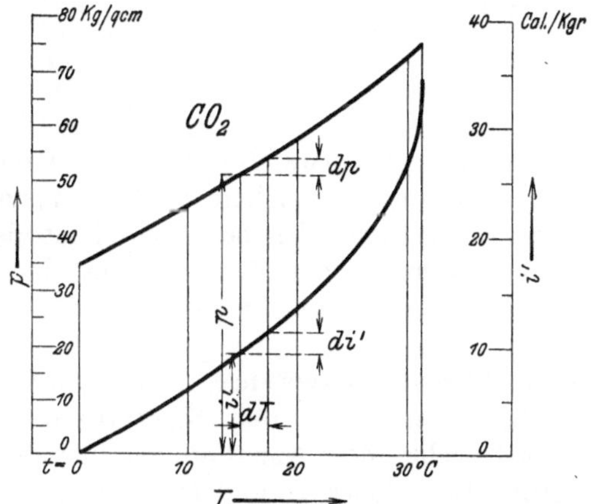

Abb. 7. p und i in Funktion von T.

keit im Grenzzustand von 0^0 an gerechnet setzen

$$i' = u' + A\,(pv' - p_0 v_0').$$

Das zweite Glied ist von untergeordneter Bedeutung, da die meisten
Flüssigkeiten als unelastisch angesehen werden können. Eine Ausnahme
bildet z. B. die flüssige Kohlensäure, deren Elastizität so groß ist, daß
sie berücksichtigt werden muß.

Steht die Flüssigkeit schon von 0^0 an unter dem vollen Sättigungsdruck p, der für t^0 gilt, so nennt man die zur Erreichung des Grenz-
zustandes nötige Menge die **Flüssigkeitswärme**

$$q = u' + Ap\,(v' - v_0').$$

Aus beiden Gleichungen folgt

$$i' = q + Av_0'\,(p - p_0).$$

Das zweite Glied bedeutet den zur Speisung der Flüssigkeit in den
Verdampfungsraum nötigen Aufwand an Arbeit.

Nun ist die spezifische Wärme c der Flüssigkeit im Grenzzustand
zu bestimmen. Man kann dabei vom Wärmeinhalt i' ausgehen, nur
muß beachtet werden, daß einzig der erste seiner beiden Bestandteile
die Temperaturerhöhung verursacht. Denkt man sich die Wärmeinhalte
i' sowie die Drücke in Funktion der Temperatur aufgetragen (Abb. 7),

so ergeben die Neigungswinkel der Tangenten an die Kurven die verhältnismäßigen Zunahmen der Funktionen an diesen Stellen. Der Quotient di'/dt ist der Zuwachs an Wärmeinhalt für 1^0 C; zieht man hiervon den Zuwachs an geleisteter äußerer Arbeit für dieselbe Temperaturerhöhung ab, nämlich den Betrag $A\,v'\dfrac{dp}{dt}$, so bleibt als Rest die spezifische Wärme

$$c = \frac{di'}{dt} - A\,v'\,\frac{dp}{dt}\,.$$

Mit Hilfe dieses Wertes bestimmt sich nun auch die Entropie der Flüssigkeit im Grenzzustand

$$s' = \int\limits_0^t \frac{c\,dT}{T}\,.$$

Soll nun die Verwandlung der im Grenzzustand unter Sättigungsdruck stehenden Flüssigkeit in Dampf vor sich gehen, so ist weiter Wärme zuzuführen, aber bei gleichbleibendem Druck. Dabei vergrößert sich das Volumen von v' auf v'' und der Wärmeinhalt von i' auf i''. Die dazu nötige Wärme heißt

$$r = i'' - i'$$

die **Verdampfungswärme**. Man kann für diesen Wert eine Beziehung aufstellen, wenn man den Kreisprozeß von Carnot auf gesättigten Dampf bezieht unter Annahme des unendlich kleinen Druck- und Temperaturunterschiedes dp und dT. Im Entropiediagramm zeigt sich dieser Elementarvorgang als schmales Rechteck von der Höhe dT und der Breite r/T; im pv-Diagramm entsteht ein Parallelogramm von der Höhe dp und der Breite $v'' - v'$. Die in beiden Darstellungen gebildeten Flächenstreifen bedeuten die im Kreisprozeß entstehende äußere Arbeit, daher ist

$$\frac{r}{T}\,dT = A\,(v'' - v')\,dp \quad \text{(Gleichung von Clapeyron),}$$

worin der Differentialquotient $\dfrac{dp}{dT}$ aus dem Zusammenhang zwischen Druck und Temperatur zu ermitteln ist. Diese Gleichung dient zur Bestimmung von r.

Die Entropie des gesättigten Dampfes folgt aus
$$s'' = s' + r/T.$$

Von nebensächlicher Bedeutung ist für vorliegende Zwecke die Angabe der beiden Bestandteile, aus denen die Verdampfungswärme zusammengesetzt ist

$$r = \varrho + \psi,$$

wo ϱ die innere und ψ die äußere Verdampfungswärme genannt wird. Der letztere Wert wird während der Verdampfung nach außen als Arbeit abgegeben:

$$\psi = A\,p\,(v'' - v')\,.$$

Gelangt nicht das ganze Kilogramm zur Verdampfung, sondern nur x Gewichtteile davon, während $(1 - x)$ Teile flüssig bleiben, so nennt man dieses Gemisch nassen Dampf und das Verhältnis x den Dampfgehalt oder die spezifische Dampfmenge. Für die wichtigsten Größen gelten nun die Beziehungen:

Volumen $\qquad\qquad\qquad v = v' + x\,(v'' - v')$

Wärmeinhalt $\qquad\qquad i = i' + x \cdot r$

Entropie $\qquad\qquad\qquad s = s' + x\dfrac{r}{T}.$

In vielen Dampftafeln findet sich die Summe $\lambda = q + r$ als Gesamtwärme bezeichnet, ferner bedeutet $u'' = q + \varrho$ die innere Energie des Dampfes. Der Zusammenhang mit dem Wärmeinhalt ist gegeben durch

$$i'' = i' + r = q + r + A v_0'\,(p - p_0) = \lambda + A v_0'\,(p - p_0)$$

oder

$$i'' = q + \varrho + A p\,(v'' - v') + A v_0'\,(p - p_0).$$

Ein weiteres Zustandsgebiet ist der überhitzte Dampf; er entsteht durch Wärmezufuhr über den trocken gesättigten Zustand hinaus. Sein spezifisches Volumen ist wie bei den Gasen von Druck und Temperatur abhängig und für die meisten Kälteträger mit genügender Genauigkeit aus der Zustandsgleichung

$$p v = R T$$

zu berechnen, wo R die Gaskonstante bedeutet.

Die Erwärmung erfolgt bei konstantem Druck und erfordert die sog. Überhitzerwärme, die das Produkt aus der spezifischen Wärme c_p bei konstantem Druck und der Temperaturerhöhung ist.

4. Die Entropietafel für Dämpfe.

Die Entropietafel gibt uns eine bildliche Darstellung der Zahlenwerte einer Dampftabelle. Sie entsteht durch Abtragen der Entropien S als Abszissen und der absoluten Temperaturen T als Ordinaten (TS-Diagramm), die gebildeten Flächenstreifen stellen somit die Wärmeinhalte dar.

Der Ausgangspunkt A (Abb. 8) kann beliebig gewählt werden; am besten nimmt man für ihn die Temperatur 0^0 C (273^0 abs.), entsprechend den Werten der Dampftabellen. Von A aus sind die Entropiewerte s' der Flüssigkeit abzutragen, und zwar für die Temperaturen über 0^0 nach rechts, für die Temperaturen unter 0^0 nach links. Dadurch erhält man die Grenzkurve $A-B$ für die Flüssigkeit. Der Flächenstreifen unter AB stellt den Wärmeinhalt i' der Flüssigkeit dar (senkrecht schraffiert), geltend für die Änderung des Zustandes von A nach B oder umgekehrt.

Soll vom Zustande B an die Verdampfung erfolgen, so bleiben Temperatur T_s und Druck p unverändert, die Zustandsänderung verläuft daher nach der Parallelen BD zur Abszissenachse. Durch Auftragen der Entropie des Dampfes s'' bestimmt sich der Endpunkt D, der trocken gesättigten Dampf darstellt. Das Rechteck unter BD bedeutet die Verdampfungswärme r (waagerecht schraffiert), die ganze Fläche unter dem Linienzug ABD ist daher der Wärmeinhalt i'' des Dampfes.

Wiederholt man diese Eintragungen für andere Temperaturen, so ergeben sich verschiedene Eckpunkte D und durch ihre Verbindung

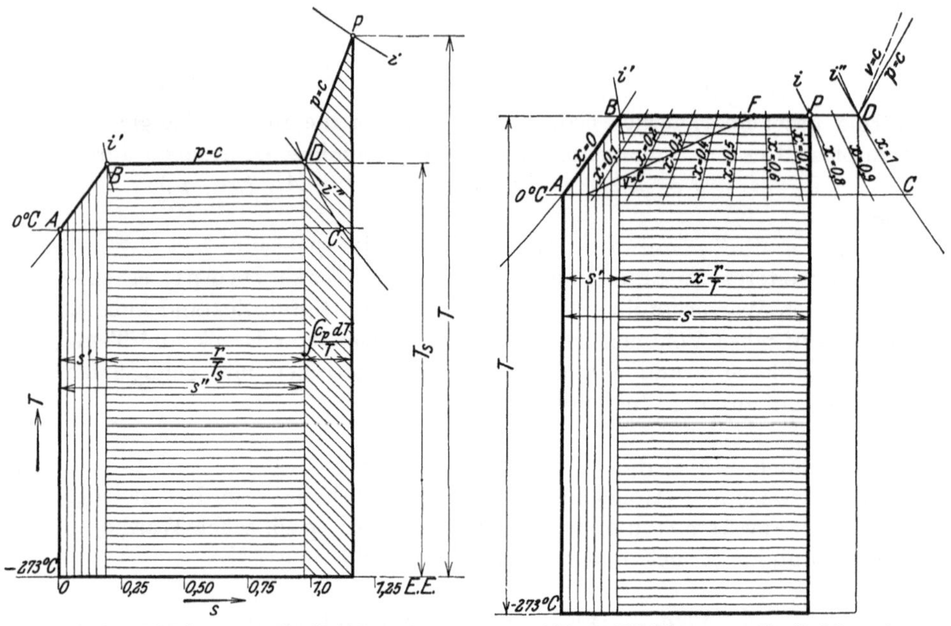

Abb. 8. TS-Diagramm für Heißdampf.   Abb. 9. TS-Diagramm für Naßdampf.

eine zweite Grenzkurve DC für den gesättigten Dampf (obere Grenzkurve).

Wird der trocken gesättigte Dampf von T_s auf T überhitzt, so läßt sich dieser Zustand durch Punkte außerhalb dieser Grenzkurve einzeichnen. Dazu ist nur nötig, die Entropiewerte der Überhitzerwärme punktweise aufzutragen, um die Kurve DP zu erhalten, die dem konstanten Dampfdruck p entspricht. Der Flächenstreifen unter der Strecke DP ist die Überhitzerwärme für die Erreichung des Zustandes P aus dem Zustand D (schräg schraffiert). Damit man nicht nötig hat, für jede Aufgabe eine Flächenausmessung vorzunehmen, kann dies für eine Anzahl Punkte zum Voraus vollzogen werden. Diese Punkte mit gleichem Wärmeinhalt werden durch Kurven $i =$ konst. miteinander verbunden und ihre Beträge dazugeschrieben.

Alle Punkte der Tafel innerhalb der Grenzkurven gelten für nassen Dampf. Für einen solchen Punkt P (Abb. 9) ist das Verhältnis des waagerechten Stückes PB zur ganzen Strecke DB die zum Zustand P gehörige spezifische Dampfmenge. Für den Sättigungszustand gilt der Punkt D auf der oberen Grenzkurve mit $x = 1$, für den flüssigen Zustand der Punkt B auf der unteren Grenzkurve mit $x = 0$. Das Rechteck unter PB gibt den Zuwachs $x \cdot r$ zum Wärmeinhalt i' der Flüssigkeit, der zur Erzeugung dieses nassen Dampfes nötig ist.

Teilt man jede Breite zwischen den beiden Grenzkurven in eine gleiche Anzahl gleicher Teile, so geben die Verbindungslinien der entsprechenden Punkte die Kurven konstanten Dampfgehaltes x.

Ferner lassen sich in die Tafel die Kurven konstanten Volumens einzeichnen. Soll zu einem gegebenen Volumen v der zugehörige Zustandspunkt F auf einer beliebigen waagerechten Geraden DB gefunden werden, so berechnet man aus der Gleichung

$$v = v' + x\,(v'' - v')$$

den Wert x, wobei für v' und v'' die bekannten Volumen der Endpunkte B und D auf den Grenzkurven eingesetzt werden. Durch Abtragen der Strecke x im Verhältnis zu BD findet sich der Zustandspunkt F, durch den die Linie konstanten Volumens läuft. Weitere Punkte derselben Kurve auf anderen Waagerechten sind durch Ausrechnen der entsprechenden Werte x auf dieselbe Weise zu erhalten. Die Linien verlaufen im Sättigungsgebiet flach. Sie lassen sich in das Überhitzungsgebiet fortsetzen unter Annahme einer spezifischen Wärme c_v bei konstantem Volumen. Da c_v kleiner ist als c_p, so sind für gleiche Temperaturzunahmen die Entropiezunahmen $\int \dfrac{c_v\,dT}{T}$ kleiner als diejenigen der Linien konstanten Druckes, daher laufen die v-Linien steiler als die p-Linien.

Um auch die Drücke bequem ablesen zu können, die den Temperaturen des Sattdampfes entsprechen, tragen wir die Drücke von einem beliebig gewählten Nullpunkt in der Waagerechten ab, die Temperaturen in der Senkrechten und erhalten die in Abb. 10 für Ammoniak gezeichnete Kurve. Da die Entropietafeln dieselben Ordinaten enthalten, läßt sich diese Tafel zur Aufzeichnung dieser pt-Linie benützen. Man schreibt dann zur Vermeidung von senkrechten Linien die Bedeutung der Abszissenstücke gerade bei den Schnittpunkten mit der Kurve ein und gibt außerdem den Druckmaßstab an, so daß für jede Sättigungstemperatur der zugehörige Druck abgelesen werden kann.

Trägt man in die Tafel stets zunehmende Temperaturen zu den entsprechenden Entropiewerten ein, so rücken die beiden Grenzkurven einander immer näher und laufen schließlich in einem Punkt K (Abb. 11) mit waagerechter Tangente zusammen. In diesem Punkt ist die kritische Temperatur erreicht, die unterschritten werden muß, um den überhitzten Dampf überhaupt in den gesättigten und von da in den flüssigen Zustand überführen zu können. Zu dieser Temperatur gehört ein ganz bestimmter kritischer Druck.

In diesem Punkt ist die Verdampfungswärme $r = 0$; sein Wärmeinhalt fällt zusammen mit demjenigen der Flüssigkeit. Er wird dargestellt durch die Fläche unter dem Kurvenstück AK, das durch die Ordinaten in A und K sowie durch die absolute Nullinie begrenzt ist.

Im ferneren kann der Zustand eines Gases trotz bedeutender Abkühlung ganz außerhalb des Sättigungsgebietes bleiben. Dies ist erreichbar durch Anwendung eines hohen Druckes und starker

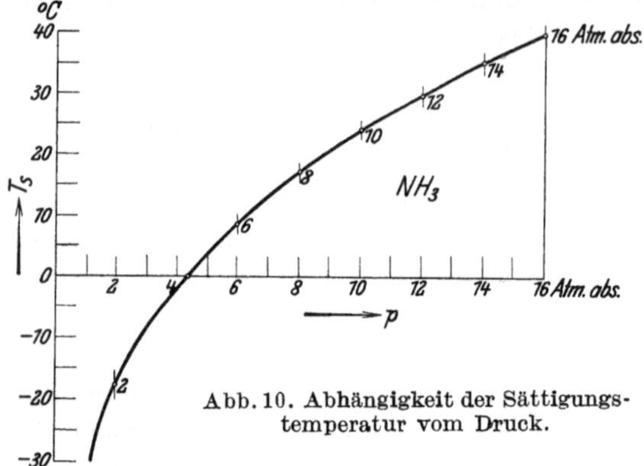

Abb. 10. Abhängigkeit der Sättigungstemperatur vom Druck.

Überhitzung (Punkt P, Abb. 11). Erfolgt nun die Abkühlung bei konstant bleibendem Druck, so verläuft die p-Linie $PK'B$ außerhalb der Grenzkurve. Das Gas geht bei fortschreitender Temperaturabnahme allmählich in den flüssigen Aggregatzustand über, ohne die Zwischenstufe des gesättigten Dampfes durchlaufen zu haben. Diese Flüssigkeit steht alsdann unter einem höheren Druck als nötig ist, um bei der herrschenden Temperatur die Verdampfung einzuleiten.

Auch bei diesem durch Punkt P gekennzeichneten Zustand ist der Wärmeinhalt durch das Flächenstück unter dem Linienzug

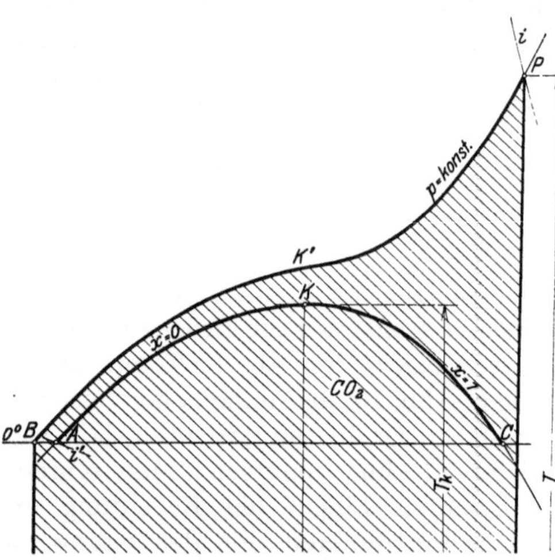

Abb. 11. TS-Diagramm für Kohlensäure (trocken).

$BK'P$ dargestellt. Diese Wärme nimmt bei den in Frage kommenden Körpern (CO_2) einen bedeutenden Betrag an, obschon eine eigentliche Kondensation nicht eintritt, weil die spezifische Wärme in der Gegend des kritischen Punktes groß ist. Man erkennt dies aus der Gestalt der Kurve konstanten Druckes, die in der Nähe des kritischen Zustandes flach verläuft.

5. Darstellung der wichtigsten Zustandsänderungen im Entropiediagramm.

Zustandsänderung bei konstanter Temperatur. Die isothermische Zustandsänderung zeichnet sich in der Entropietafel als Parallele zur Abszissenachse. Innerhalb der Grenzkurve fällt sie zusammen mit der Kurve konstanten Druckes.

Während der isothermischen Ausdehnung von einem Anfangspunkte G (Abb. 12) zu einem Endpunkte H innerhalb des Sättigungsgebietes findet die Verdampfung statt; der stark genäßte Dampf in G ist in H nahezu trocken. Die Verdampfung geschieht in besonderem Behälter (Generator), die Arbeitsleistung im Zylinder während des Ansaugehubes des Kolbens. Für die Durchführung der Ausdehnung ist eine Wärme nötig gleich dem Unterschied $i_2 - i_1$ der Wärmeinhalte des Endpunktes

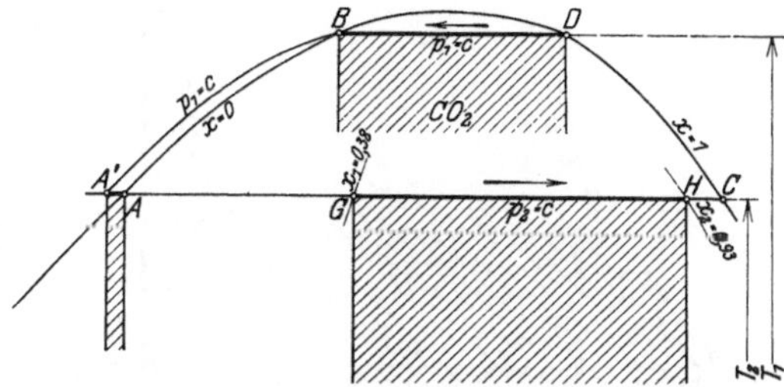

Abb. 12. TS-Diagramm für Kohlensäure (naß).

gegenüber dem Anfangspunkt. Man berechnet sie auch durch Ablesen der spezifischen Dampfmengen x_1 und x_2 am Anfang und Ende der Zustandsänderung

$$Q = i_2 - i_1 = r\,(x_2 - x_1).$$

Die nach außen geleistete absolute Dampfarbeit beträgt

$$L = p\,(v'' - v')\,(x_2 - x_1),$$

wobei der Druck stets von Null an zu zählen ist (absolut). Diesem Druck ist die Verdampfungswärme r zugehörig.

Die Umkehrung dieser Zustandsänderung ist die isothermische Verdichtung, z. B. von D nach B (Abb. 12); sie erfolgt durch Kondensation in besonderem Kühler und verlangt infolge der Volumenverminderung einen Arbeitsaufwand, der vom Kolben des Kompressors übertragen wird. Wärme und Arbeit werden in derselben Weise wie bei Expansion gefunden.

Zustandsänderung bei konstantem Druck (Isobare). Zu erwähnen ist nur noch das Verhalten außerhalb des Sättigungsgebietes, da die Isobare innerhalb desselben mit der Isotherme zusammenfällt.

Für das Überhitzungsgebiet rechts von der oberen Grenzkurve geben die bereits gezeichneten p-Linien den Verlauf der Zustandsänderungen an; sie sind in den beigegebenen Tafeln nicht für abgerundete Werte des Druckes eingetragen, sondern beziehen sich auf die entsprechenden Sättigungstemperaturen. Diese p-Linien laufen demnach von den Schnittpunkten der waagerechten Temperaturlinien mit der oberen

Grenzkurve aus. Für die Lösung der nachfolgenden Aufgaben zeigt sich diese Einteilung von Vorteil.

Für gewisse Kälteträger gelangt auch das Gebiet links von der unteren Grenzkurve zu Bedeutung, nämlich für solche, die als Flüssigkeit eine ziemlich große Elastizität aufweisen (CO_2).

Denkt man sich die gespannte Flüssigkeit (Punkt B, Abb. 12) bei konstantem Druck abgekühlt von T_1 auf T_2, so vermindert der elastische Stoff sein Volumen, und es ist deshalb eine weitere Verdichtungsarbeit zu leisten. Der zur Temperatursenkung allein nötige Wärmeentzug ist durch die Fläche unter dem Grenzkurvenstück BA dargestellt, die ganze abzuleitende Wärme ist aber um den Wert der Kompressionsarbeit größer; daher verläuft die Zustandslinie BA' links von der Grenzkurve im Gebiet der elastischen Flüssigkeit. Man nennt eine solche Flüssigkeitsabkühlung Unterkühlung.

Soll die im Zustande A' befindliche Flüssigkeit zur Verdampfung gelangen, so ist sie zunächst vom größeren Druck p_1 auf den kleineren p_2 zu bringen, der zur Verdampfungstemperatur T_2 gehört. Der Stoff ist daher befähigt, vom Zustande A' aus als Flüssigkeit eine isothermische Expansionsarbeit zu leisten, die durch das Rechteck unter der Strecke $A'A$ dargestellt ist. Von A aus beginnt die Verdampfung.

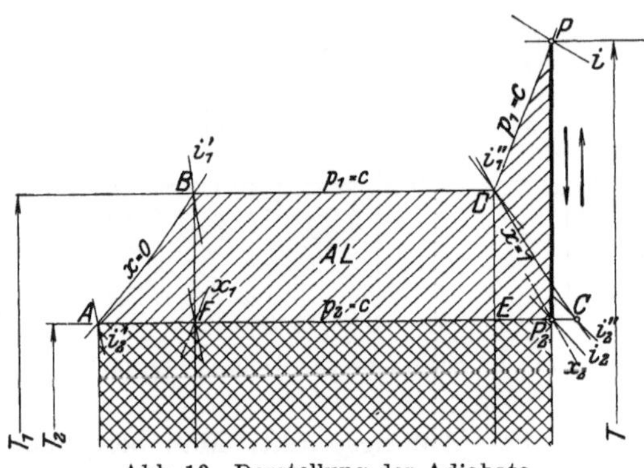

Abb. 13. Darstellung der Adiabate.

Der Wärmeinhalt des gesättigten Dampfes vom Druck p_1 (Punkt D) ist dargestellt als Fläche unter dem Linienzug DBA', bezogen auf A' als Ausgangspunkt.

Adiabatische Zustandsänderung. Da weder Wärme zu- noch abgeführt wird, bleibt die Entropie unverändert; die Linie verläuft daher im Entropiediagramm parallel zur Ordinatenachse.

Während der adiabatischen Expansion von P nach P_2 (Abb. 13) überschreitet die Linie die Grenzkurve, und der Dampf dringt in das Sättigungsgebiet ein. Bei Kompression von P_2 nach P wird umgekehrt nasser Dampf trocken und überhitzt.

Eine adiabatische Kompression von E nach D bringt den nassen Dampf in den trocken gesättigten Zustand, dagegen zeigt sich in der Nähe der unteren Grenzkurve das umgekehrte Verhalten: die adiabatische Kompression von F nach B bringt den stark nassen Dampf völlig zur Kondensation.

Im Punkte P am Ende der Kompression von P_2 nach P ist der Wärmeinhalt i dargestellt als Fläche unter dem Linienzug $PDBA$, am Anfang der Kompression ist der Wärmeinhalt i_2 durch das Rechteck von der Breite P_2A und der Höhe T_2 (absolute Temperatur) gebildet. Der Unterschied beider Flächen ist die Vergrößerung des Wärmeinhaltes und muß als Arbeit zugeführt worden sein:

$$AL = i - i_2.$$

Dieser Betrag bedeutet in der Abbildung die geschlossene Fläche $PDBAP_2P$. Für die adiabatische Expansion ist diese Arbeit nach außen abgegeben. Man erhält demnach das Gesetz:

Bei adiabatischer Zustandsänderung ist der Unterschied der Wärmeinhalte zwischen Anfang und Ende die geleistete oder die aufgewendete Arbeit.

Drosselung. Eine für die Kältemaschine wichtige Zustandsänderung besonderer Art ist die Drosselung. Sie entsteht beim Durchströmen von Dampf durch eine Verengung der Leitung. Bei diesem Durchfließen wird ebenfalls keine Wärme zu- noch abgeführt, aber auch keine Arbeit geleistet. Es ist daher

$$AL = i - i_2 = 0; \qquad\qquad i = i_2.$$

Hieraus folgt:

Die Drosselung ist eine Zustandsänderung bei unveränderlichem Wärmeinhalt. Die i-Kurven in der Entropietafel sind zugleich Drosselkurven; der Kälteträger vermindert seinen Druck ohne Arbeitsabgabe. Eine solche Zustandsänderung ist nicht umkehrbar, denn es müßte Arbeit aufgewendet werden, um den Dampf in umgekehrter Richtung durch die Verengung hindurch auf den höheren Druck zurückzupressen.

Von den in Abb. 14 gezeichneten Drosselkurven liegt EF vollständig im Überhitzergebiet; im Endpunkt F ist nicht nur der Druck, sondern auch die Temperatur kleiner geworden. Wird von F aus eine adiabatische Expansion FC bis auf den Druck p_2 vollzogen, so gibt die Wärmefläche $FDJACF$ die geleistete Arbeit; dagegen stellt die Fläche $EA'ME$ die Arbeit dar, wenn die Expansion von E aus nach M, also ohne Drosselung vor sich geht. Man erkennt im Unterschied beider Flächen den großen Drosselverlust.

Durch Drosselung von trocken gesättigtem Dampf entsteht nasser Dampf (Linie DH, Abb. 14). In der Nähe der unteren Grenzkurve zeigt sich das umgekehrte Verhalten: Beim Durchlassen der gespannten Flüssigkeit durch das Regulierventil bildet sich Dampf (Linie BG), und zwar deshalb, weil der größere Wärmeinhalt der Flüssigkeit in einen Raum mit kleinerem Druck überströmt und dort seinen Überschuß zur Verdampfung abgibt. Diese Dampfbildung ist in Abb. 14 recht bedeutend, da der gewählte Stoff (CO_2) als Flüssigkeit einen großen Wärmeinhalt gegenüber demjenigen des Dampfes besitzt.

Ist die Flüssigkeit unter höherem Druck als der Verdampfungstemperatur entspricht (Punkt B'), so dehnt sich der Stoff im Drosselventil zunächst auf jenen kleineren Druck aus, ohne daß sich Dampf bildet (Linie $(B'B)$, die weitere Drosselung auf den kleinem Druck p_2 findet alsdann unter Dampfentwicklung statt (Linie BG).

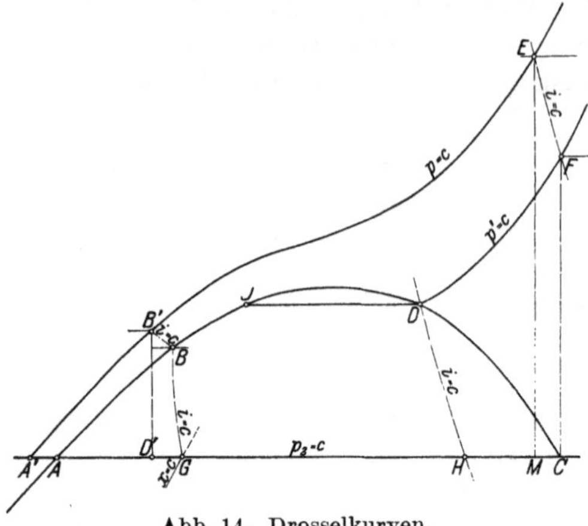

Abb. 14. Drosselkurven.

Die Senkrechte durch B' bedeutet die Adiabate $B'D'$ und die dreieckige Fläche $B'A'D'$ die durch eine solche Expansion zu gewinnende Arbeit. Durch die Drosselung auf dem Wege $B'BG$ geht die Arbeit der adiabatischen Zustandsänderung verloren, außerdem befindet sich der Arbeitsstoff am Ende der Drosselung (Punkt G) in einem Zustande, der weniger geeignet zur Wärmeaufnahme ist; die Entropie hat um den Betrag $D'G$ zugenommen und damit der Dampfgehalt, so daß weniger Wärme zur Verdampfung benötigt und aus der Umgebung aufgesogen wird.

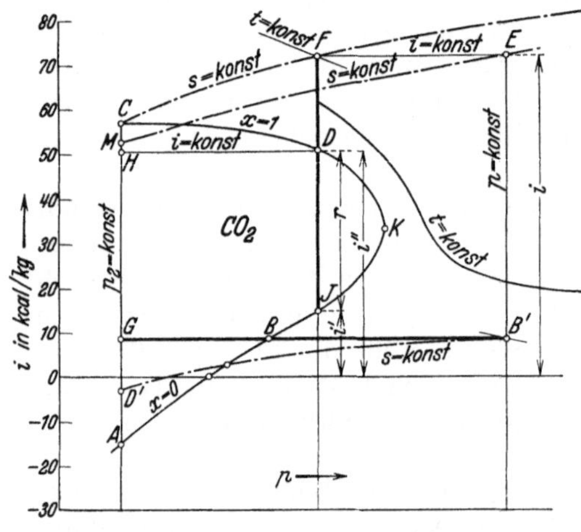

Abb. 15. Mollier-Diagramm für Kohlensäure.

In neuerer Zeit wird das von Mollier eingeführte pi-Diagramm viel benützt, worin als Abszissen die Drücke p und als Ordinaten die Wärmeinhalte i aufgetragen sind. Nun erscheinen die Linien $t =$ konst. und $s =$ konst. als Kurvenscharen.

Im Mollier-Diagramm (Abb. 15) für Kohlensäure sind die Bezeichnungen aus Abb. 14 übertragen. Punkt J auf der unteren Grenzkurve bedeutet Flüssigkeit, $J—D$ stellt die Verdampfungswärme r dar, $D—F$ die Überhitzerwärme. Eine Drosselung aus dem Zustand D nach H zeigt, daß der Flüssigkeitsgehalt $1—x = CH/CA$ entstanden ist. Die waagerechte Gerade $E—F$ bedeutet eine Drosselung außerhalb des

Sättigungsgebietes, ebenso die Gerade B'—B. Die adiabatische Kompression verläuft nach der Kurve C—F oder nach M—E, eine Verdampfung ist in A—C oder in J—D abgebildet, bei der Abkühlung wird diese Strecke in umgekehrtem Sinn durchlaufen.

6. Bemerkungen über einige Kältemittel.

In der folgenden Zusammenstellung sind die wichtigsten Kältemittel erwähnt und ihre Dampftabellen mitgeteilt, um die Grundlagen festzustellen, die zur Aufzeichnung der Entropiediagramme dienen. Von den neueren Kältestoffen ist eine beschränkte Auswahl getroffen worden, da die Verwendung der zahlreichen Vorschläge heute noch nicht allseitig abgeklärt ist.

Die Stoffe sind der Reihe nach in der Weise geordnet, wie sich die Drücke innerhalb gleicher Temperaturgrenzen vermindern und die spezifischen Volumen vergrößern. Der erst erwähnte Stoff arbeitet mit höchsten Drücken und kleinen Volumen.

Kohlensäure (CO_2). Für die Dampftabelle 1 dieses Stoffes wurde die von Plank und Kuprianoff herausgegebenen Zahlenwerte benützt, die sich von früheren Werten etwas unterscheiden. Diese neuen Werte führen zu kleineren Leistungsziffern. Die beigelegte Mollier-Tafel (p—i) eignet sich hier besonders gut für die rasche Lösung von Aufgaben.

Tabelle 1. Gesättigter Dampf von Kohlensäure (CO_2).

| Temperatur t | Druck p | Spez. Volumen | | Spez. Gewicht γ'' | Wärmeinhalt | | Verdampfungswärme r | Entropie | |
| | | Flüssigkeit v' | Dampf v'' | | Flüssigkeit i' | Dampf i'' | | Flüssigkeit s' | Dampf s'' |
°C	kg/cm²	l/kg	l/kg	kg/m³	kcal/kg	kcal/kg	kcal/kg		
—56,6	5,28	0,849	72,220	13,8	—28,03	55,09	83,12	—0,1115	0,2724
—55	5,66	0,853	67,620	14,8	—27,28	55,22	82,50	—0,1083	0,2700
—50	6,97	0,867	55,407	18,1	—24,99	55,57	80,56	—0,0980	0,2631
—45	8,49	0,881	45,809	21,8	—22,70	55,89	78,59	—0,0880	0,2565
—40	10,25	0,897	38,164	26,2	—20,41	56,17	76,58	—0,0782	0,2503
- 35	12,25	0,913	32,008	31,2	—18,12	56,39	74,51	—0,0686	0,2443
—30	14,55	0,931	27,001	37,0	—15,81	56,56	72,37	—0,0592	0,2385
—25	17,14	0,950	22,885	43,8	—13,47	56,67	70,14	—0,0499	0,2328
—20	20,06	0,971	19,466	51,4	—11,07	56,72	67,79	—0,0406	0,2272
—15	23,34	0,994	16,609	60,2	- 8,56	56,70	65,26	—0,0310	0,2218
—10	26,99	1,019	14,194	70,5	- 5,91	56,60	62,51	—0,0213	0,2163
— 5	31,05	1,048	12,141	82,4	- 0,0309	56,41	59,50	—0,0110	0,2109
± 0	35,54	1,081	10,383	96,3	0,00	56,13	56,13	0,00	0,2055
+ 5	40,50	1,120	8,850	113,0	+ 3,10	55,45	52,35	+0,0103	0,1985
+10	45,95	1,166	7,519	133,0	+ 6,50	54,59	48,09	+0,0218	0,1917
+15	51,93	1,223	6,323	158,0	+10,10	53,17	43,07	+0,0340	0,1835
+20	58,46	1,298	5,258	190,2	+14,00	51,10	37,10	+0,0468	0,1734
+25	65,59	1,417	4,167	240,0	+18,80	47,33	28,53	+0,0628	0,1585
+30	73,34	1,677	2,990	334,4	+25,90	40,95	15,05	+0,0854	0,1351
+31	74,96	2,156	2,156	463,9	+33,50	33,50	0	+0,1098	0,1098

Tabelle 2. Gesättigter Dampf von Ammoniak (NH_3).

Temperatur t	Druck p	Spez. Volumen Flüssigkeit v'	Dampf v''	Spez. Gewicht γ''	Wärmeinhalt Flüssigkeit i'	Dampf i''	Verdampfungswärme r	Entropie Flüssigkeit s'	Dampf s''
°C	kg/cm²	l/kg	m³/kg	kg/m³	kcal/kg	kcal/kg	kcal/kg		
—70	0,1114	1,3788	9,009	0,1110	—74,1	275,7	349,8	—0,3122	1,4101
—60	0,2233	1,4010	4,699	0,2128	—63,9	280,0	343,9	—0,2634	1,3504
—50	0,4168	1,4245	2,623	0,381	—53,8	284,1	337,9	—0,2168	1,2978
—45	0,5562	1,4367	2,001	0,500	—48,5	286,1	334,6	—0,1935	1,2738
—40	0,7318	1,4493	1,550	0,645	—43,2	288,1	331,3	—0,1705	1,251
—35	0,9503	1,4623	1,215	0,823	—37,9	290,0	327,9	—0,1480	1,2294
—30	1,2190	1,4757	0,9630	1,038	—32,6	291,9	324,5	—0,1258	1,2090
—25	1,546	1,4895	0,7712	1,297	—27,2	293,7	320,9	—0,1040	1,1896
—20	1,940	1,5037	0,6235	1,604	—21,8	295,5	317,3	—0,0826	1,1710
—15	2,140	1,5187	0,5087	1,966	—16,4	297,1	313,5	—0,0615	1,1532
—10	2,966	1,5338	0,4185	2,390	—11,0	298,7	309,7	—0,0407	1,1362
— 5	3,619	1,5490	0,3469	2,883	— 5,5	300,1	305,6	—0,0202	1,1199
± 0	4,379	1,5660	0,2897	3,452	0,0	301,5	301,5	0,00	1,1041
+ 5	5,259	1,5831	0,2435	4,108	+ 5,5	302,8	297,3	+0,020	1,0889
+10	6,271	1,6008	0,2058	4,859	+11,1	303,9	292,8	+0,0397	1,0741
+15	7,427	1,6193	0,1749	5,718	+16,7	305,0	288,3	+0,0592	1,0598
+20	8,741	1,6386	0,1494	6,694	+22,4	305,9	283,5	+0,0785	1,0459
+25	10,225	1,6588	0,1283	7,795	+28,1	306,7	278,6	+0,0976	1,0324
+30	11,895	1,6800	0,1107	9,034	+33,8	307,4	273,6	+0,1165	1,0191
+35	13,765	1,7023	0,0959	10,431	+39,6	308,0	268,4	+0,1352	1,0061
+40	15,850	1,7257	0,0833	12,005	+45,5	308,4	262,9	+0,1538	0,9933
+45	18,165	1,7504	0,0726	13,774	+51,4	308,6	257,2	+0,1722	0,9807
+50	20,727	1,7766	0,0635	15,756	+57,4	308,7	251,3	+0,1904	0,9681

Tabelle 3. Gesättigter Dampf von schwefliger Säure (SO_2).

Temperatur t	Druck p	Spez. Volumen Dampf v''	Wärmeinhalt Flüssigkeit i'	Dampf i''	Verdampfungswärme r	Entropie Flüssigkeit s'	Dampf s''
°C	kg/cm²	m³/kg	kcal/kg	kcal/kg	kcal/kg		
— 30	0,39	0,822	— 9,05	88,72	97,77	—0,0351	0,3672
— 25	0,51	0,643	— 7,62	89,28	96,91	—0,0293	0,3614
— 20	0,65	0,513	— 6,15	89,77	95,92	—0,0234	0,3557
— 15	0,83	0,416	— 4,66	90,16	94,82	—0,0176	0,3499
— 10	1,04	0,330	— 3,14	90,46	93,60	—0,0117	0,3442
— 5	1,29	0,270	— 1,58	90,69	92,27	—0,0059	0,3385
∓ 0	1,58	0,223	0,00	90,82	90,82	0,00	0,3327
+ 5	1,93	0,184	+ 1,61	90,86	89,25	+0,0059	0,3269
+ 10	2,34	0,152	+ 3,25	90,81	87,56	+0,0117	0,3212
+ 15	2,81	0,127	+ 4,92	90,68	85,76	+0,0176	0,3154
+ 20	3,35	0,107	+ 6,62	90,47	83,85	+0,0234	0,3096
+ 25	3,96	0,090	+ 8,35	90,17	81,82	+0,0293	0,3039
+ 30	4,67	0,076	+10,11	89,78	79,67	+0,0351	0,2981
+ 35	5,46	0,065	+11,90	89,30	77,40	+0,0410	0,2923
+ 40	6,35	0,055	+13,71	88,74	75,03	+0,0468	0,2865

Ammoniak (NH_3). Die Dampftabelle 2 ist neuerdings vom „National Bureau of Standards, New York" berichtigt worden, die Tabelle wurde von Kuprianoff nach den tiefen Temperaturen zu erweitert. In der beiliegenden TS-Tafel ist ein Rechteck von der Breite 0,5 Entropieeinheiten herausgeschnitten, daher fallen die Ordinaten 0,25 und 0,75 auf eine Linie. Für diesen Stoff ist auch die Mollier-Tafel mitgegeben und darin ein Stück von der Höhe $i = 200$ kcal/kg ausgeschnitten. Der senkrechte Abstand zwischen den beiden Grenzkurven ist demnach um 200 kcal/kg zu vermehren, um die Verdampfungswärme zu erhalten.

Tabelle 4. Gesättigter Dampf von Methylchlorid (CH_3Cl).

| Temperatur t | Druck p | Spez. Volumen | | Wärmeinhalt | | Verdampfungswärme r |
| | | Flüssigkeit v' | Dampf v'' | Flüssigkeit i' | Dampf i'' | |
°C	kg/cm²	l/kg	m³/kg	kcal/kg	kcal/kg	kcal/kg
— 40	0,490	0,976	0,7843	— 18,9	82,9	101,8
— 35	0,621	0,983	0,6291	— 16,6	84,8	101,4
— 30	0,783	0,992	0,5090	— 14,2	86,7	100,9
— 25	0,971	1,001	0,4155	— 11,8	88,6	100,4
— 20	1,199	1,01	0,3416	— 9,4	90,5	99,9
— 15	1,468	1,019	0,2829	— 7,1	92,1	99,2
— 10	1,783	1,03	0,236	— 4,7	93,8	98,5
— 5	2,151	1,038	0,1980	— 2,4	95,4	97,8
+ 0	2,576	1,048	0,1671	∓ 0	97,0	97,0
+ 5	3,066	1,059	0,142	+ 2,4	98,6	96,2
+ 10	3,627	1,071	0,1210	+ 4,7	99,8	95,1
+ 15	4,268	1,082	0,1038	+ 7,0	101,1	94,1
+ 20	4,987	1,094	0,0894	+ 9,3	102,3	93,0
+ 25	5,802	1,109	0,0773	+ 11,6	103,4	91,8
+ 30	6,716	1,119	0,0671	+ 13,9	104,4	90,5
+ 35	7,738	1,131	0,0585	+ 16,2	105,4	89,2
+ 40	8,874	1,144	0,0511	+ 18,5	106,2	87,7

Tabelle 5. Gesättigter Dampf von Äthylchlorid (C_2H_5Cl).

| Temperatur t | Druck p | Spez. Volumen Dampf v'' | Wärmeinhalt | | Verdampfungswärme r |
| | | | Flüssigkeit i' | Dampf i'' | |
°C	kg/cm²	m³/kg	kcal/kg	kcal/kg	kcal/kg
— 40	0,065	3,700	—14,40	86,00	100,4
— 35	0,093	2,640	—12,66	86,95	99,61
— 30	0,128	1,960	—10,87	87,98	98,85
— 25	0,185	1,555	— 9,12	88,98	98,10
— 20	0,250	1,235	— 7,33	89,92	97,25
— 15	0,320	1,010	— 5,51	90,90	96,41
— 10	0,402	0,830	— 3,67	91,87	95,54
— 5	0,505	0,680	— 1,82	92,90	94,72
∓ 0	0,6275	0,555	+ 0,00	93,88	93,88
+ 5	0,773	0,460	+ 1,95	94,90	92,95
+ 10	0,940	0,375	+ 3,84	95,76	91,92
+ 15	1,135	0,310	+ 5,78	96,75	90,97
+ 20	1,365	0,257	+ 7,73	97,66	89,93
+ 25	1,625	0,220	+ 9,69	98,60	88,91
+ 30	1,925	0,192	+11,66	99,51	87,85
+ 35	2,253	0,175	+13,68	100,42	86,74
+ 40	2,630	0,165	+15,72	101,33	85,61

Schweflige Säure (SO_2). Im beigelegten *TS*-Diagramm ist ein Rechteck von der Breite 0,5 Entropieeinheiten ausgeschnitten (Tabelle 3).

Methylchlorid (CH_3Cl). Dieser Stoff wird für Kleinkältemaschinen häufig benützt. In Tabelle 4 sind die von Holst bestimmten Werte mitgeteilt.

Äthylchlorid (C_2H_5Cl). Die Tabelle 5 ist dem „Food Investigation Board, Special Report No. 14 (C. F. Jenkin Shorthose) London 1923" entnommen. Das spezifische Volumen im flüssigen Zustand beträgt im Mittel 1,09 l/kg.

Tabelle 6. Gesättigter Dampf von Methylenchlorid (CH_2Cl_2).

Temperatur t °C	Druck p kg/cm²	Spez. Volumen Dampf v'' m³/kg	Wärmeinhalt Flüssigkeit i' kcal/kg	Wärmeinhalt Dampf i'' kcal/kg	Verdampfungswärme r kcal/kg	Entropie Flüssigkeit s'	Entropie Dampf s''
− 30	0,0355	6,8059	− 8,073	79,40	87,47	− 0,0313	0,3286
− 25	0,0485	5,0848	− 6,727	80,30	87,03	− 0,0258	0,3251
− 20	0,0653	3,8487	− 5,382	81,19	86,57	− 0,0205	0,3217
− 15	0,0867	2,9485	− 4,037	82,04	86,08	− 0,0152	0,3184
− 10	0,114	2,2849	− 2,691	82,88	85,57	− 0,0100	0,3153
− 5	0,148	1,7897	− 1,346	83,68	85,03	− 0,0049	0,3123
∓ 0	0,190	1,4162	∓ 0,000	84,47	84,47	0,00	0,3094
+ 5	0,241	1,1313	+ 1,346	85,23	83,88	0,0049	0,3066
+ 10	0,304	0,9120	+ 2,692	85,95	83,26	0,0096	0,3039
+ 15	0,380	0,7414	+ 4,038	86,65	82,61	0,0144	0,3012
+ 20	0,470	0,6076	+ 5,385	87,32	81,94	0,0190	0,2987
+ 25	0,577	0,5017	+ 6,732	87,96	81,23	0,0236	0,2961
+ 30	0,703	0,4173	+ 8,079	88,58	80,50	0,0280	0,2937
+ 35	0,850	0,3495	+ 9,427	89,16	79,73	0,0324	0,2913
+ 40	1,020	0,2945	+ 10,775	89,70	78,93	0,0368	0,2889

Tabelle 7. Gesättigter Dampf von Äthylbromid (C_2H_5Br).

Temperatur t °C	Druck p kg/cm²	Spez. Volumen Dampf v'' m³/kg	Wärmeinhalt Flüssigkeit i' kcal/kg	Wärmeinhalt Dampf i'' kcal/kg	Verdampfungswärme r kcal/kg	Entropie Flüssigkeit s'	Entropie Dampf s''
− 30	0,0449	4,2166	− 6,48	59,59	66,07	− 0,00251	0,2468
− 25	0,0605	3,1901	− 5,49	60,15	65,64	− 0,0207	0,2439
− 20	0,0806	2,4420	− 4,32	60,92	65,24	− 0,0167	0,2411
− 15	0,106	1,8966	− 3,24	61,55	64,79	− 0,0122	0,2389
− 10	0,138	1,4878	− 2,16	62,22	64,38	− 0,0081	0,2367
− 5	0,172	1,2114	− 1,08	62,85	63,93	− 0,0040	0,2346
± 0	0,224	0,9471	0,00	63,49	63,49	∓0,00	0,2325
+ 5	0,282	0,7679	+ 1,08	64,21	63,13	+ 0,0033	0,2300
+ 10	0,351	0,6278	+ 2,16	64,73	62,57	+ 0,0078	0,2289
+ 15	0,431	0,5194	3,24	65,30	62,06	+ 0,0115	0,2270
+ 20	0,529	0,4314	4,32	65,90	61,58	+ 0,0153	0,2254
+ 25	0,642	0,3615	5,41	66,49	61,08	+ 0,0189	0,2239
+ 30	0,771	0,3057	6,49	76,06	60,57	+ 0,0225	0,2224
+ 35	0,921	0,2602	7,57	67,63	60,06	+ 0,0261	0,2211
+ 40	1,092	0,2231	8,65	68,19	59,54	+ 0,0295	0,2197

Methylenchlorid (CH_2Cl_2). Die Zahlen der Tabelle 6 entstammen Versuchswerten der I. G. Farbenindustrie. Das spezifische Volumen der Flüssigkeit wird zu 0,748 l/kg angegeben.

Äthylbromid (C_2H_5Br). Die Werte der Tabelle 7 sind von Brown, Boveri & Cie. A.G., Baden (Schweiz) zur Verfügung gestellt worden. Für die Flüssigkeit kann ein spezifisches Volumen von 0,69 l/kg benützt werden.

Wasserdampf (H_2O). Für Kältezwecke arbeitet dieser Stoff bei ungemein kleinen Drücken und außergewöhnlich großen Volumen. Die Dampftabellen sind in den Handbüchern enthalten. Über die Verwendung des Stoffes wird in besonderem Abschnitt berichtet.

Die Tabelle 8 enthält die thermischen Größen der genannten Stoffe im Überhitzergebiet. Sie gelten allerdings nur bei genügend hoher Überhitzung. Die in den Entropiediagrammen mit diesen Werten gezeichneten Kurven müssen zeichnerisch an die oberen Grenzkurven angeschlossen werden.

Tabelle 8. Überhitzte Dämpfe.

Gasart	Zeichen	Mol. Gew. m	Gas-konstante R	Spez. Wärmen		$k = c_p/c_v$
				c_p	c_v	
Kohlensäure . . .	CO_2	44	19,3	0,202	0,156	1,3
Ammoniak. . . .	NH_3	17	49,8	0,53	0,41	1,29
Schweflige Säure .	SO_2	64	13,24	0,15	0,12	1,25
Methylchlorid . .	CH_3Cl	50,5	16,8	0,218	0,179	1,22
Äthylchlorid . . .	C_2H_5Cl	64,5	13,2	0,24	0,203	1,16
Methylenchlorid .	CH_2Cl_2	85	9,98	0,18	0,156	1,15
Äthylbromid . . .	C_2H_5Br	109	7,78	0,175	0,151	1,16
Wasserdampf . .	H_2O	18	47	0,239	0,17	1,4

II. Der Dampf-Kompressionsprozeß.

7. Nasses Verfahren.

Die meisten Kälteanlagen benützen eine Flüssigkeit, die bei der gewünschten tiefen Temperatur in den dampfförmigen Zustand übergeht und die dazu nötige Wärme von außen in sich aufnimmt. Der im Verdampfer V (Abb. 16) gebildete Dampf wird vom Kompressor KZ angesaugt und in den Kühler oder Kondensator K gedrückt, wo die Verflüssigung des Stoffes stattfindet.

Um die Anlage zu vereinfachen, wird wohl immer der zum vollkommenen Prozeß gehörige Expansionszylinder weggelassen und durch ein Reglerventil R ersetzt, das den Druckunterschied zwischen Kondensator und Verdampfer herstellt. Im Verdampfer kühlt sich die umlaufende Sole ab, die als zweiter Kälteträger die Wirkung an entfernte Verbrauchsstellen zu übertragen hat, falls nicht der eigentliche (primäre)

Kälteträger selbst die Wirkung im entfernten Verdampfer besorgt. Im Kondensator richten sich Druck und Temperatur des Kälteträgers nach der Menge und der Temperatur des ankommenden Kühlwassers, das die

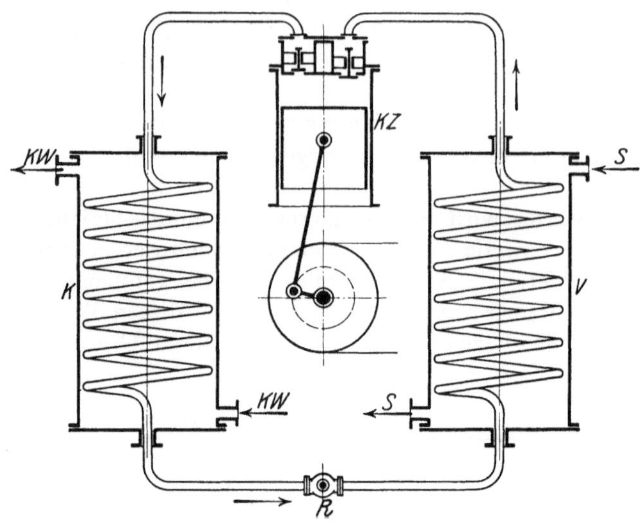

Abb. 16. Schema des normalen Prozesses.

eingenommene Wärme und den Wärmewert der Verdichtungsarbeit wegzuführen hat. Womöglich sollen beide Flüssigkeiten sich gegeneinander bewegen, und zwar sowohl im Kondensator als auch im Verdampfer.

Der Ersatz des Expansionszylinders durch das Drosselventil bedeutet eine bewußte Abweichung vom Carnot-Kreislauf, damit ist eine Verminderung der Leistungsziffer verbunden.

Werden nicht besondere Maßnahmen getroffen und ist die Kälteflüssigkeit im Überfluß in die Anlage eingegeben worden, so gelangt nicht der ganze Stoff zur Verdampfung und der Kom

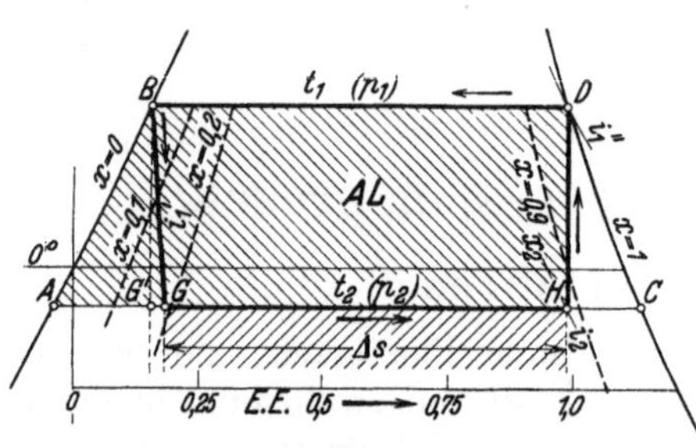

Abb. 17. TS-Diagramm für nasses Verfahren.

pressor saugt feuchten Dampf an. Bei genügend großer Feuchtigkeit wird.das Gemisch durch die Verdichtung nur teilweise getrocknet, oder erreicht · im Grenzfall den trocken gesättigten Zustand am Ende der Verdichtung.

Dieses sog. nasse Verfahren läßt sich im Entropiediagramm verfolgen. Soll die adiabatische Kompression trocken gesättigten Dampf ergeben, so muß der Endpunkt D (Abb. 17) auf der oberen Grenzkurve

$(x = 1)$ liegen, seine Ordinate ist die Temperatur t_1 im Kondensator, die dem Enddruck p_1 der Kompression entspricht. Damit ist auch der Anfangspunkt H der Kompression bestimmt als Schnittpunkt der Senkrechten durch D mit der Isothermen t_2, die der tiefen Temperatur im Verdampfer entspricht.

Während der Verflüssigung des Dampfes (Strecke D—B) bleiben Druck und Temperatur unverändert und in B ist der ganze Inhalt zu Flüssigkeit geworden, das Kühlwasser hat die Verdampfungswärme weggeführt. Nehmen wir nun an, das Kühlwasser führe nicht noch mehr Wärme ab, d. h. die Verflüssigung sei gerade beim Verlassen des Kondensators beendet, so tritt der Stoff mit dem Zustand B (p_1, t_1) zum Regelventil. Die dort stattfindende Drosselung stellt sich als Linie konstanten Wärmeinhaltes durch den Punkt B dar. Ihr Endpunkt G auf der unteren Isotherme zeigt den Zustand des Stoffes hinter dem Ventil oder beim Eintritt in den Verdampfer an und man erkennt, daß bereits ein Teil der Flüssigkeit in Dampf übergegangen ist $(x = GA/CA)$. Zu dieser Verdampfung im Drosselventil ist der Unterschied der Wärmeinhalte in B und in A verwendet worden.

Dieser Dampfgehalt hinter dem Reglerventil kann mit Hilfe der Dampftabelle aus

$$x = \frac{i_1' - i_2'}{i_2'' - i_2'} = \frac{i_1' - i_2'}{r_2}$$

berechnet werden.

Die eigentliche Verdampfung erfolgt auf der Isothermen G—H, und zwar stellt das Rechteck unter dieser Strecke die Kälteleistung Q_2 auf 1 kg des verdampfenden Stoffes dar. Diese einfallende Wärme wird als Unterschied der Wärmeinhalte der Punkte H und G gefunden oder kann unmittelbar aus der Zeichnung durch Abstechen der Entropiezunahme Δs zwischen den Punkten H und G ermittelt werden.

$$Q_2 = i_2 - i_1'' = (\Delta s)\, T_2$$

worin
$$i_2 = i_2'' + x_2 r_2.$$

Gewöhnlich wird die gesamte stündliche Kälteleistung Q_0 verlangt. Um sie zu entwickeln, muß die Menge

$$G_0 = Q_0/Q_2$$

verdampfen.

Der Prozeß verlangt eine Arbeit, die als Unterschied der Wärmeinhalte am Ende und am Anfang der Verdichtung erhalten wird und durch die Fläche A—H—D—B—A dargestellt ist:

$$AL = i_1'' - i_2$$

bezogen auf 1 kg des umlaufenden Stoffes. Dem Kompressor ist an Leistung zuzuführen, wenn von Nebeneinflüssen abgesehen wird

$$N = \frac{(AL)\, G_0 \cdot 427}{3600 \cdot 75} = \frac{(AL)\, G_0}{632} = \frac{(AL)\, Q_0}{632 \cdot Q_2},$$

damit ist die Kälteleistung auf 1 PS/h bestimmt

$$K = Q_0/N = \frac{632 \cdot Q_2}{(AL)}$$

oder die Leistungsziffer $\quad \varepsilon = K/632.$

Vergleicht man diese Zahl mit der Leistungsziffer des Carnot-Prozesses, so kann der Quotient als Wirkungsgrad des ausgeführten Verfahrens angesehen werden.

In der Abb. 17 sind die Abweichungen des Verfahrens vom Idealprozeß ersichtlich. Von der idealen Kälteleistung geht der Flächenstreifen unter $G'-G$ verloren; der Expansionszylinder würde die Arbeit $A-B-G'$ leisten.

Beispiel. Nasses Verfahren, Ammoniak.

Stündliche Kälteleistung $\qquad\qquad\qquad Q_0 = 100\,000$ kcal/h
Temperatur im Verdampfer $\qquad\qquad\qquad t_2 = -10^0$
Temperatur im Kondensator $\qquad\qquad\qquad t_1 = +25^0$
Wärmeinhalt Ende Verdampfung $\qquad\qquad i_2 = 271,0$ kcal/kg
Wärmeinhalt Anfang Verdampfung $\qquad\quad i_1'' = 28,1\quad$,,
Kälteleistung auf 1 kg $\qquad Q_2 = i_2 - i_1' \quad = 242,9\quad$,,

Umlaufendes Gewicht $\qquad G_0 = \dfrac{100000}{242,9} \quad = 411,5$ kg/h

Dampfgehalt hinter Regulierventil $\quad x = 39,1/309,7 \quad = 0,126\quad$,,
Spez. Volumen vor Kompression $\qquad\qquad\quad v_2 = 0,381$ m³/kg
Ansaugevolumen $\qquad V = 0,381 \cdot 411,5 = 157$ m³/h
Wärmeinhalt Ende Kompression $\qquad\qquad i_1'' = 306,7$ kcal/kg
Wärmeinhalt Anfang Kompression $\qquad\quad i_2 = 271,0\quad$,,
Arbeit auf 1 kg $\qquad AL = i_1'' - i_2 \quad = 35,7\quad$,,

Leistungsaufnahme (adiabatisch) $\quad N = \dfrac{35,7 \cdot 411,5}{632} = 23,2$ PS

Leistungsziffer $\qquad\qquad\qquad \varepsilon = \dfrac{100000}{23,2 \cdot 632} = 6,83$

Leistungsziffer des Carnot-Prozesses $\varepsilon_0 = 263/35 \quad = 7,52$
Wirkungsgrad gegen Carnot $\qquad \eta_c = 6,83/7,52 \quad = 0,905$

Tabelle 9. Nasses Verfahren (nach Abb. 17).
$t_1 = +25^0, \quad t_2 = -10^0, \quad Q_2 = 100\,0000$ kcal/h.

Kälteträger		H_2O	NH_3	SO_2	CO_2
Druck im Kondensator	ata	0,032	10,22	3,96	65,6
Druck im Verdampfer	ata	0,0029	2,97	1,04	27,0
Wärmeinhalt Ende Verdampfung	kcal/kg	536,0	271,0	79,57	41,6
Wärmeinhalt Anfang Verdampfung	kcal/kg	25,0	28,1	8,35	18,8
Kälteleistung auf 1 kg	kcal/kg	511,0	242,9	71,22	22,8
Umlaufendes Gewicht	G_0kg/h	196	411,5	140,5	4390
Dampfgehalt nach Regulierventil	x	0,06	0,126	0,122	0,38
Spez. Volumen Anfang Kompression	m³/kg	411,0	0,381	0,291	0,011
Ansaugevolumen	m³/h	805,0	157	40,9	48,3
Wärmeinhalt Ende Kompression	kcal/kg	606,5	306,7	90,17	47,33
Wärmeinhalt Anfang Kompression	kcal/kg	536,0	271,0	79,57	41,60
Arbeit auf 1 kg AL	kcal/kg	70,5	35,7	10,6	5,73
Leistungsaufnahme (adiabatisch)	PS	21,8	23,2	23,6	39,8
Kälteleistung auf 1 PS/h	kcal	458,0	431,0	424,0	252,0
Wirkungsgrad gegen Carnot	%	96	90,5	89	52,8

Wiederholt man diese Berechnung für Wasserdampf, schweflige Säure und für Kohlensäure, so ergeben sich die in Tabelle 9 enthaltenen Werte, die zum Überblick über die Größenverhältnisse dienen können.

Vergleicht man die in Tabelle 9 enthaltenen Hauptwerte, so ergeben sich für die vier betrachteten Stoffe folgende Bemerkungen:

Dem Idealprozeß kommt der Wasserdampf am nächsten, er eignet sich daher für nassen Vorgang. Im Gegensatz hierzu steht Kohlensäure mit der kleinsten Leistungsziffer. Damit darf man aber keinen Schluß auf die Verwendbarkeit dieses Stoffes im allgemeinen ziehen, sondern es ist nur festgestellt, daß sich CO_2 nicht für nasse Kompression mit der im Beispiel gemachten Voraussetzung (ohne Unterkühlung) eignet. Der Grund dieser Erscheinung liegt darin, daß Kohlensäure eine große Flüssigkeitswärme besitzt, die in den Verdampfer hineingetragen wird und dabei einen großen Teil der Flüssigkeit zur Verdampfung bringt, so daß für die Kältewirkung weniger übrigbleibt.

Die gefundene hohe Leistungsziffer des Wasserdampfes wird bei seiner tatsächlichen Verwendung stark vermindert durch die besonderen Einrichtungen, die zur Förderung der ungemein großen Dampfvolumen nötig werden und die den Wirkungsgrad herabdrücken; auch das Vorhandensein kleiner Mengen Luft wirkt sehr schädlich. Diese Verhältnisse sollen in einem besonderen Abschnitt behandelt werden.

Vergleichen wir die Pressungen untereinander, so zeigt sich, daß Wasserdampf in hohem Vakuum arbeitet, Kohlensäure dagegen mit sehr hohen Drücken. Im Ammoniakzylinder herrschen ungefähr Pressungen wie in einer Dampfmaschine ohne Kondensation. Bei schwefliger Säure sind die Drücke kleiner, wird im Verdampfer eine Temperatur unter — 10° C verlangt, so entsteht in jenem Raum ein kleines Vakuum, dann ist die Anlage vor eintretender Luft sorgfältig zu schützen, da der Wasserdampfgehalt der Luft sich mit dem Kälteträger zu Schwefelsäure verbindet.

In umgekehrter Weise verhalten sich die Volumen der einzelnen Stoffe. Um auch hierin einen greifbaren Überblick zu erhalten, sind in der Tabelle die Gewichte und die Ansaugevolumen eingetragen, berechnet für eine Kälteleistung von $Q_0 = 100000$ kcal/h, ferner die Leistungsaufnahme. Diese letztere ist als theoretischer Energiebedarf anzusehen, da vorläufig von Nebeneinflüssen abgesehen werden soll.

8. Trockenes Ansaugen.

Eine Kälteanlage kann derart eingerichtet werden, daß nur Dampf zum Kompressor fließt, wo dieser Arbeitsstoff bei der Verdichtung sofort in den überhitzten Zustand übergeht. Damit entsteht der als „trockenes Verfahren" bezeichnete Prozeß.

Im Betrieb läßt sich dieser Vorgang durch vermehrte Drosselung am Regulierventil erreichen, wodurch allerdings auch die Temperatur im Verdampfer gesenkt wird. Die umlaufende Menge vermindert sich nun derart, daß die in den Verdampfer einfallende Wärme genügt, um den ganzen Flüssigkeitsgehalt der umlaufenden Menge zum Verschwinden zu bringen.

Bei den neuzeitlichen Anlagen wird das trockene Verfahren durch geeignete Anordnung der Betriebseinrichtung erzwungen. Zu diesem Zweck ist in die Saugleitung ein Flüssigkeitsabscheider A (Abb. 18) einzuschalten, der nur Dampf zum Kompressor gelangen läßt.

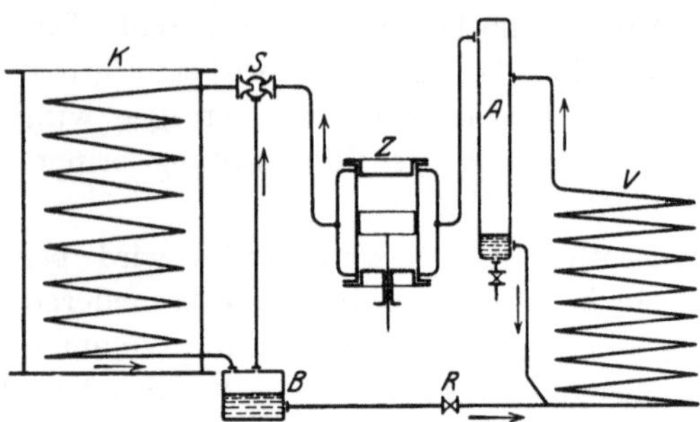

Abb. 18. Schema mit Abscheider.

Um die Leistungsfähigkeit des Verdampfers zu erhöhen, läßt sich die Anordnung derart treffen, daß der ganze Verdampferinhalt mit überschüssiger Kälteflüssigkeit gefüllt bleibt; durch diese Überflutung der Oberfläche wird der Wärmeaustausch erleichtert. Dieser Bedingung genügt die in Abb. 18 dargestellte Anordnung des Abscheiders, dessen Flüssigkeitsspiegel sich ungefähr in der Höhe der obersten Verdampferspirale befindet. Leitet man die abgeschiedene Flüssigkeit in den untersten Teil des Verdampfers zurück, so ist in ihm stets nur Flüssigkeit enthalten, aus der sich der Dampf in Blasen entwickelt und aufwärts steigt, wie dies beim Dampfkessel der Fall ist.

Statt der in Abb. 18 angedeuteten Rückführung der abgeschiedenen Flüssigkeit in die Zuleitung zum Verdampfer kann man diese Flüssigkeit mittels Pumpe in dieselbe Leitung aber vor dem Regelventil einpressen, wodurch ein Entleeren des Kondensators vermieden wird. Eine dritte Art der Rückführung entsteht dadurch, daß die abgeschiedene Flüssigkeit in die Druckleitung zum Kondensator gepreßt wird, wo sie die überhitzten Dämpfe abkühlt und sie in den feuchten Zustand bringt. Dadurch erhält der Kondensator eine wirksame Entlastung und einen besseren Wärmedurchgang.

Im Entropiediagramm (Abb. 19) stellt sich die Kälteleistung Q_2 als Rechteck unter der Strecke $C—G$ dar, bei guter Abscheidung befindet sich der Endpunkt C der Verdampfung auf der oberen Grenzkurve und ist zugleich Anfangspunkt der Verdichtung. Die Strecke $C—P$ stellt die adiabatische Verdichtung dar, ihr Arbeitsbedarf ergibt sich als Unterschied der Wärmeinhalte der Punkte P und C. Diese Arbeit ist sichtbar als Fläche $PDBAC$. Die Summe aus Kälteleistung und der in Wärme umgesetzten Arbeit muß vom Kondensator abgeführt werden, sie ist dargestellt als Flächenstreifen unter dem Linienzug PDB und unten begrenzt durch die Nullinie

$$t = -273^0.$$

Diese Kondensatorleistung beträgt

$$Q_1 = Q_2 + AL = (i_2'' - i_1') + (i - i_2'') = i - i_1'.$$

Die Darstellung zeigt, daß sowohl Kälteleistung als auch der Arbeitsbedarf gegenüber dem nassen Verfahren größer geworden sind. Ein Vorteil des trockenen Verfahrens ist daher nicht unmittelbar einzusehen. Im Gegenteil bedeutet die Überhitzung eine starke Abweichung vom Idealvorgang und läßt eine Verminderung der Leistungsziffer erwarten. Trotzdem findet der nasse Vorgang in neuerer Zeit immer weniger Verwendung; selbst bei kleinen Anlagen wird mit Überhitzung gearbeitet, die Gründe werden bei der Betrachtung der Nebeneinflüsse behandelt.

Im Schema Abb. 18 ist ein Dampfabscheider B am Austritt aus dem Kondensator angedeutet, der dafür

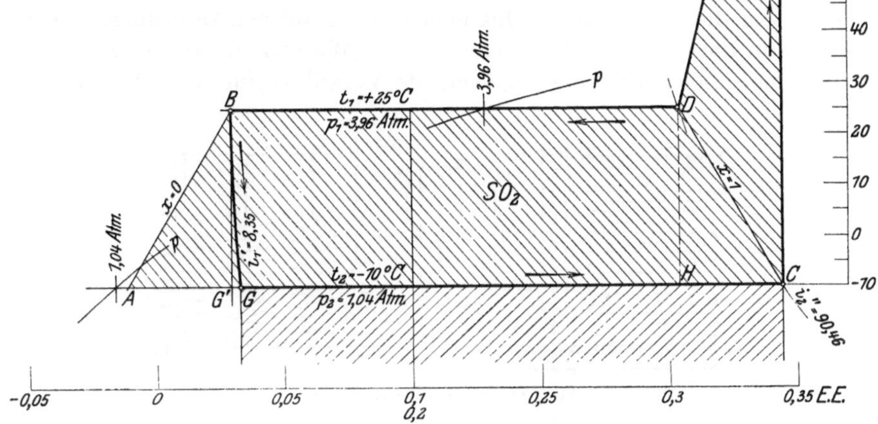

Abb. 19. TS-Diagramm für trockenes Ansaugen.

sorgt, daß dem Reglerventil nur Flüssigkeit zufließt. Der in B abgeschiedene Dampf wird durch den Strahlapparat S angesogen und dem Kondensator von neuem zugeführt, wobei als Triebmittel das verdichtete Gas benützt wird. Diese besondere Einrichtung ist nur bei stark wechselndem Betrieb zweckmäßig, wenn der vorhandene Kondensator für große Belastungen kaum mehr ausreicht. Vorteilhafter ist es wohl, die Oberfläche reichlich groß auszuführen, damit eine völlige Verflüssigung unter allen Umständen eintreten kann.

Häufig wird der ganze vom Regelventil kommende Kälteträger in den Abscheider geleitet (Abb. 20), damit der während der Drosselung

entstandene Dampf sich dort ausscheiden kann. Nun empfängt der
Verdampfer nur Flüssigkeit. Eine ausschaltbare Verbindungsleitung u
kann den Kälteträger dem Verdampfer auch unmittelbar zuführen, ohne
den Umweg über den Ausscheider zu nehmen.

Im Schema Abb. 20 ist eine weitere Verbesserung angedeutet; in die
Druckleitung ist nämlich der gekühlte Ölabscheider B eingesetzt. In

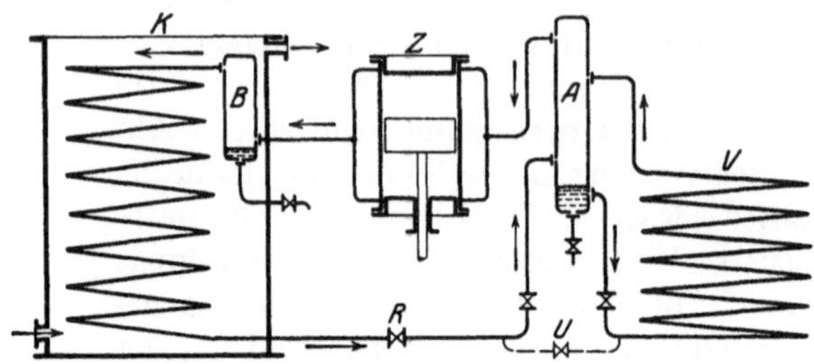

Abb. 20. Überflutung des Verdampfers.

ihm schlagen sich die vom überhitzten Dampf mitgerissenen Öldämpfe
nieder und die Kondensatorschlangen bleiben frei von Ölniederschlägen.
Man kann diesen Abscheider gerade in die Wasserkammer des Kondensators einbringen, er dient zugleich als Vorkühler für den Dampf.

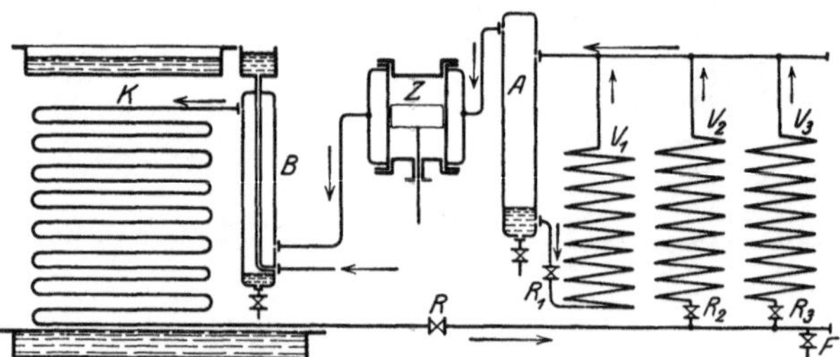

Abb. 21. Gruppenverdampfer.

Wird die Kältewirkung für verschiedene Zwecke gleichzeitig verlangt
oder soll sie in verschiedenen Räumen zur Anwendung kommen, so ist
der Verdampfer in mehrere Gruppen $V_1 V_2 V_3$ (Abb. 21) aufzulösen. Für
diesen Fall empfiehlt es sich, die Drosselung stufenweise vorzunehmen,
und zwar in der Weise, daß das gemeinsame Ventil R den größeren Teil
der Drosselung bei unveränderlicher Stellung übernimmt, damit man an
den Ventilen $R_1 R_2 R_3$ die Regelung der Durchflußmenge für jeden Teil-
verdampfer dem Bedürfnis entsprechend vornehmen kann. Das Sammel-
rohr erhält ein weiteres Ventil F zum Einfüllen der Kälteflüssigkeit.
Dabei kann der eine Verdampfer V_1 vom Abscheider A aus mit Flüssigkeit
gespeist werden, oder alle Flüssigkeit geht zuerst in den Abscheider,

von wo aus sie in die Einzelverdampfer entweder durch freien Fall oder durch Pumpwirkung geleitet wird.

Für das trockene Verfahren muß der Abscheider in der Höhe des höchst gelegenen Verdampfers aufgestellt werden. Um diese Einschränkung der Anordnung zu vermeiden, verwendet die Firma Gebrüder Sulzer A.G., Winterthur bei großen Anlagen eine Flüssigkeitspumpe zur Förderung der abgeschiedenen Menge in die Verteilleitung hinter dem Hauptregelventil. Diese Verbindung des Abscheiders erleichtert die Verteilung und Regelung der Menge auf die einzelnen Verdampfer.

Beispiel. Trockenes Ansaugen (nach Abb. 19), Schweflige Säure.

$$
\begin{aligned}
\text{Stündliche Kälteleistung} && Q_0 &= 100\,000 \text{ kcal/h} \\
\text{Temperatur im Kondensator} && t_1 &= + 25^0 \\
\text{Temperatur im Verdampfer} && t_2 &= - 10^0 \\
\text{Wärmeinhalt Ende Verdampfung} && i_2'' &= 90,46 \text{ kcal/kg} \\
\text{Wärmeinhalt Anfang Verdampfung} && i_1' &= 8,35 \quad ,, \\
\text{Kälteleistung auf 1 kg} && Q_2 = 90,46 - 8,35 &= 82,11 \quad ,, \\
\text{Umlaufendes Gewicht} && G_0 = 100\,000/82,11 &= 1220 \text{ kg/h} \\
\text{Dampfgehalt nach Regulierventil} && x &= 0,122 \\
\text{Spez. Volumen Anfang Kompression} && v_2'' &= 0,33 \text{ m}^3/\text{kg} \\
\text{Ansaugevolumen} && V = 0,33 \cdot 1220 &= 402 \text{ m}^3/\text{h} \\
\text{Wärmeinhalt Ende Kompression} && i &= 103,67 \text{ kcal/kg} \\
\text{Wärmeinhalt Anfang Kompression} && i_2'' &= 90,46 \quad ,. \\
\text{Arbeit auf 1 kg} && AL = 103,67 - 90,46 &= 13,21 \quad ,, \\
\text{Leistungsaufnahme (adiabatisch)} && N = \frac{13,21 \cdot 1220}{632} &= 25,5 \text{ PS} \\
\text{Kälteleistung auf 1 PS/h} && K = 100\,000/25,5 &= 3930 \text{ kcal/PS/h} \\
\text{Wirkungsgrad gegen Carnot} && \eta_c = \frac{3930}{632 \cdot 7,5} &= 0,825
\end{aligned}
$$

Wie der Gang der Rechnung zeigt, ist die Entropietafel nur nötig, um nach dem Ziehen der Adiabate $C-P$ den Wärmeinhalt i am Ende der Kompression ablesen zu können, die übrigen Wärmeinhalte lassen sich aus den Dampftabellen ermitteln. Die Berechnung der Arbeit erfolgt ohne Benützung der Drücke, falls die Temperaturen im Verdampfer und im Kondensator vorgeschrieben sind, wobei die TS-Tafel gute Dienste leistet. Sind die Drücke gegeben, so empfiehlt sich die Benützung der Mollier-Tafel (ip-Tafel).

Die berechnete Leistungsziffer ist kleiner ausgefallen als beim nassen Verfahren unter sonst gleichen Umständen. Allein die in den beiden vorstehenden Beispielen behandelten Prozesse müssen als theoretische aufgefaßt werden, von denen der wirkliche Vorgang zugunsten des trockenen Verfahrens abweicht.

Wiederholt man diese Rechnung mit Wasserdampf, Kohlensäure und Ammoniak, so ergeben sich die in Tabelle 10 zusammengestellten Werte.

Tabelle 10. Trockenes Ansaugen.

$t_1 = + 25^0,\ t_2 = - 10^0,\ x_2 = 1,\ Q_0 = 100\,000\ \text{kcal/h}.$

Kälteträger		H_2O	NH_3	SO_2	CO_2
Wärmeinhalt Ende Verdampfung	kcal/kg	589,0	298,7	90,46	56,60
Wärmeinhalt Anfang Verdampfung	kcal/kg	25,0	28,1	8,35	18,80
Kälteleistung auf 1 kg	kcal/kg	564,0	270,6	82,11	37,8
Umlaufendes Gewicht	kg/h	177,5	370	1218,0	2645
Dampfgehalt nach Regulierventil	x	0,06	0,126	0,122	0,38
Spez. Volumen Anfang Kompression	m^3/kg	451	0,418	0,33	0,0142
Ansaugevolumen	m^3/h	80000	154,5	402	37,6
Temperatur Ende Kompression	^{0}C	170	80,5	115	54,0
Wärmeinhalt Ende Kompression	kcal/kg	675,9	340,0	103,67	65,4
Wärmeinhalt Anfang Kompression	kcal/kg	589,0	298,7	90,46	56,6
Arbeit auf 1 kg	kcal/kg	86,9	41,3	13,21	8,8
Leistungsaufnahme (adiabatisch)	PS	24,4	24,2	25,5	36,8
Kälteleistung auf 1 PS/h	kcal	4100	4140	3920	2720
Wirkungsgrad gegen Carnot	%	86,3	86,9	82,3	57,2

9. Unterkühlung.

Eine wirksame Vergrößerung der Kälteleistung ohne Vermehrung der umlaufenden Stoffmenge kann erzielt werden, wenn der Kälteträger nach Beendigung der Kondensation unter die Temperatur abgekühlt

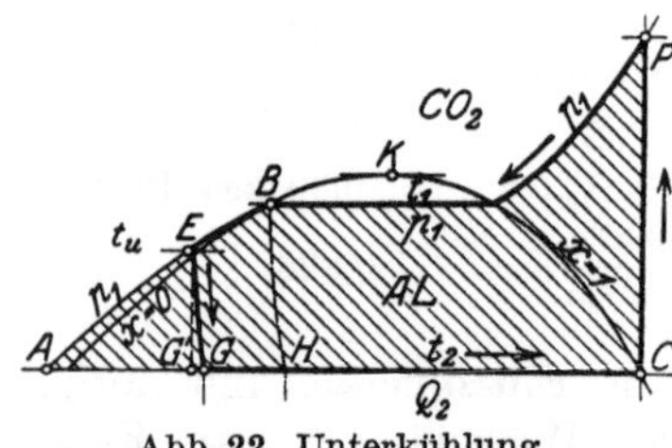

Abb. 22. Unterkühlung.

wird, die während der Verflüssigung geherrscht hat. Diese Unterkühlung bringt den flüssigen Stoff auf eine tiefere Temperatur t_u als dem Sättigungsdruck p_1 entspricht, ohne daß sich dabei dieser Druck ändert.

Für elastische Flüssigkeiten (z. B. Kohlensäure) liegt die Linie konstanten Druckes BE (Abb. 22) links von der unteren Grenzkurve, für die meisten anderen Stoffe darf diese p_1-Linie mit der unteren Grenzkurve zusammenfallend angenommen werden.

Die Drossellinie EG geht nun vom Schnittpunkt E der Isotherme t_u mit der p_1-Linie aus, trifft nach kurzer Entspannung die untere Grenzkurve (in Abb. 22 für Kohlensäure gezeichnet), wo der Sättigungsdruck p_u erreicht ist, und läuft von da an wie gewohnt in das Gebiet des feuchten Dampfes. Würde die Unterkühlung unterbleiben, so wäre die Drosselkurve durch B zu legen und die Kälteleistung würde um das Rechteck unter GH verkleinert; das Diagramm gibt also den Nutzen der Unterkühlung deutlich an, der besonders bei Kohlensäure groß ist. Der Arbeitsbedarf wird durch die Unterkühlung nicht beeinflußt.

In der Ausführung läßt sich die Unterkühlung dadurch erzielen, daß das Kühlwasser im Gegenstrom durch den reichlich bemessenen Kondensator fließt, so daß der Kälteträger bereits vor dem Ende der Kühlfläche verflüssigt ist und das eintretende kalte Wasser noch Wärme zu entziehen vermag. Bei großen Anlagen werden besondere Flüssigkeitskühler eingeschaltet.

Rechnet man die Werte der Tabelle 10 für eine Unterkühlung auf $t_u = + 15^0$ C um, so ergibt sich

Tabelle 11. Trockenes Ansaugen, Unterkühlung.

$t_1 = + 25^0$, $t_2 = - 10^0$, $x_2 = 1$, $t_u = + 15^0$, $Q_0 = 100\,000$ kcal/h.

Kälteträger		H_2O	NH_3	SO_2	CO_2
Wärmeinhalt Ende Verdampfung	kcal/kg	589,0	298,7	90,46	56,60
Wärmeinhalt Anfang Verdampfung	kcal/kg	15,0	16,7	4,92	10,10
Kälteleistung auf 1 kg	kcal/kg	574,0	282,0	85,54	46,50
Umlaufendes Gewicht	kg/h	174	354	1170	2155
Dampfgehalt nach Regulierventil	x	0,04	0,09	0,086	0,252
Arbeit auf 1 kg	kcal/kg	86,9	41,3	13,21	8,8
Leistungsaufnahme	PS	23,9	23,1	24,5	28,0
Kälteleistung auf 1 PS/h	kcal	4190	4330	4090	3570
Wirkungsgrad gegen Carnot	%	88,0	91,0	86,0	75,0
Gewinn an Kälte auf 1 PS/h	%	2,2	4,6	4,2	31,4

Der Vergleich der Ergebnisse für die betrachteten Stoffe zeigt, daß die Unterkühlung bei der Kohlensäuremaschine eine bedeutende Verbesserung des Prozesses bringt. Der Gewinn ist bei allen Stoffen um so größer, je weiter die Grenztemperaturen auseinander liegen und je tiefer unterkühlt werden kann.

10. Wärmeentzug außerhalb des Sättigungsgebietes.

Bei Kälteträgern mit verhältnismäßigen tiefen kritischen Temperaturen kann es vorkommen, daß die Abkühlung des verdichteten Gases nicht mehr imstande ist, eine Kondensation einzuleiten, namentlich wenn warmes Kühlwasser zur Verfügung steht. Die im Kühler auftretende Zustandsänderung konstanten Druckes spielt sich vollständig außerhalb des Sättigungsgebietes ab.

Dieser Prozeß gibt im Mollier-Diagramm für Kohlensäure das in Abb. 23 dargestellte Bild.

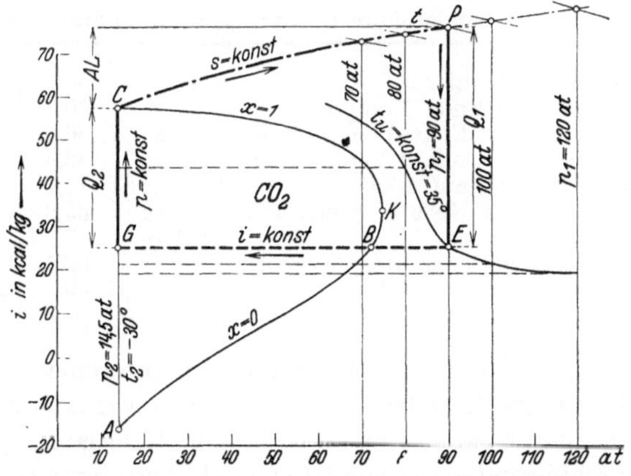

Abb. 23. Wärmeentzug außerhalb des Sättigungsgebietes.

Punkt C auf der oberen Grenzkurve hat als Abszisse den Druck p_2 im Verdampfer, der zur Temperatur t_2 gehört, seine Ordinate gibt den

Wärmeinhalt. Vom Punkt C aus ist die Kurve $s =$ konst. einzuzeichnen, um die adiabatische Kompression C—P darzustellen. Punkt P ist durch den Druck p_1 im Kühler gegeben (z. B. 90 at. abs.); die durch ihn laufende t-Kurve zeigt die Temperatur an. Von P aus erfolgt der Wärmeentzug Q_1 bei konstantem Druck, sichtbar als Strecke $P — E = Q_1 = Q_2 + AL$. Der Endpunkt E dieser Strecke liegt auf der t-Kurve, die der Endtemperatur im Kühler entspricht. Die sich anschließende Drosselkurve E—G zeigt sich als waagerechte Gerade ($i =$ konst.), sie trifft in B die Sättigungslinie. Während dieser Drosselung ist ein beträchtlicher Teil des Kältestoffes verdampft; beim Eintritt in den Verdampfer beträgt der Dampfgehalt $x = AG/AC$ und für die Kältewirkung ist nur noch die der Strecke G—C entsprechende Flüssigkeitsmenge brauchbar.

In Abb. 23 ist diese Darstellung für einige weitere Enddrücke der Kompression wiederholt. Man erkennt, daß sich die Kälteleistung stark vermindert, wenn man mit einem kleinen Enddruck auskommen will.

Tabelle 12. Wärmeentzug außerhalb des Sättigungsgebietes.
Kohlensäure, $t_2 = -30^0$, $p_2 = 14{,}5$ ata, $x_2 = 1$, $t_u = +35^0$.

Druck im Kühler	ata	70	80	90	100	120
Temperatur Ende Kompression	^{0}C	79	90	99	107	121
Wärmeinhalt Ende Verdampfung	kcal/kg	56,6	56,6	56,6	56,6	56,6
Wärmeinhalt Anfang Verdampfung	kcal/kg	53,5	42,0	24,8	21,7	19,0
Kälteleistung auf 1 kg	kcal/kg	3,1	14,6	31,8	34,9	37,6
Wärmeinhalt Ende Kompression	kcal/kg	73,5	75,7	77,3	79,0	81,3
Arbeit auf 1 kg	kcal/kg	16,9	19,1	20,7	22,4	24,7
Dampfgehalt nach Regulierventil	x	0,955	0,80	0,56	0,52	0,48
Kälteleistung auf 1 PS/h	kcal/kg	116	484	970	980	960

Tabelle 13. Wärmeentzug außerhalb des Sättigungsgebietes.
Kohlensäure $t_2 = 0^0$, $p_2 = 35{,}54$ ata, $x_2 = 1$, $t_u = +35^0$.

Druck im Kühler	ata	80	90	100	120
Temperatur Ende Kompression	^{0}C	60	69	77	91,5
Wärmeinhalt Ende Verdampfung	kcal/kg	56,1	56,1	56,1	56,1
Wärmeinhalt Anfang Verdampfung	kcal/kg	42,0	24,8	21,7	19,0
Kälteleistung auf 1 kg	kcal/kg	14,1	31,3	34,4	37,1
Wärmeinhalt Ende Kompression	kcal/kg	63,8	65,0	66,0	68,2
Arbeit auf 1 kg	kcal/kg	7,7	8,9	9,9	12,1
Dampfgehalt nach Regulierventil	x	0,75	0,442	0,387	0,34
Kälteleistung auf 1 PS/h	kcal	1160	2220	2200	1920

Der Vergleich der Ergebnisse untereinander zeigt, daß sehr kleine Leistungsziffern bei Verwendung von warmem Kühlwasser (30^0 und mehr) erhalten werden, wenn der einfache Kreislauf angeordnet wird. In einigen nachfolgenden Abschnitten sind Anordnungen erklärt, die wesentliche Verbesserungen des Prozesses bringen. Aus der Tabelle 12 zeigt sich ferner, daß unter den dort bestehenden Annahmen ein Enddruck der Kompression von 70—80 at zu keinem brauchbaren Ergebnis führt;

man ist gezwungen, einen Druck von 90—100 at zu verwenden. Ein noch höherer Druck bringt keine weitere Verbesserung der Leistungsziffer.

Diese Rechnung ist in Tabelle 13 wiederholt unter Annahme einer Temperatur im Verdampfer von 0^0 C; die Leistungsziffer ist nun naturgemäß wesentlich größer und erreicht einen Höchstwert, wenn der Enddruck der Verdichtung ungefähr 90 at beträgt.

11. Ansaugen von überhitztem Dampf. Fernkühlwerk.

Unter gewissen Umständen kann der Dampf bereits im überhitzten Zustand in den Zylinder des Kompressors gelangen. Dies ist z. B. der Fall, wenn die Verdampfung in einer größeren Entfernung von Maschinenanlage erfolgt und die Saugleitung ungenügend oder gar nicht gegen einfallende Wärme geschützt ist.

Am Eintritt in die Saugleitung ist eine vollkommen wirkende Flüssigkeitsabscheidung anzuordnen, so daß die Leitung nur trocken gesättigten Dampf empfängt, während die Flüssigkeit im Verdampfer zurückbleibt, wo sie ihre richtige Verwendung findet. Der Zustand des Dampfes am Eintritt in die Saugleitung ist somit durch den Punkt C (Abb. 24) auf der oberen Grenzkurve gegeben.

Nehmen wir nun an, der Dampf könne auf dem Wege zum Kompressor soviel Wärme aufnehmen,

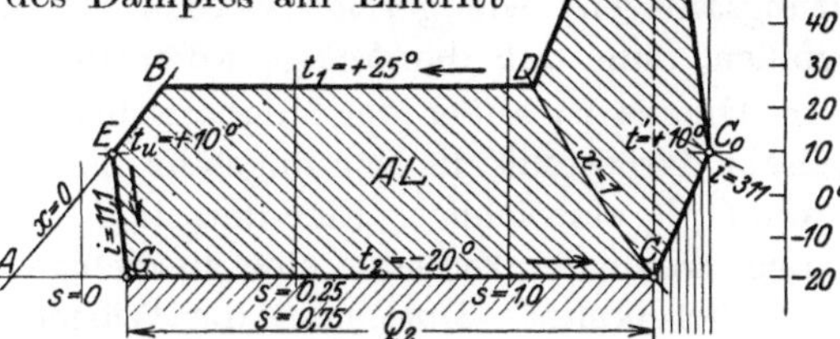

Abb. 24. Überhitzung im Saugrohr.

daß seine Temperatur t_2 auf einen höheren Betrag t' steigt, so verläuft diese Zustandsänderung bei konstantem Druck auf der p_2-Linie in das Überhitzergebiet nach C_0, wenn man vom Spannungsabfall durch die Rohrreibung absieht. Der Flächenstreifen unter der Strecke CC_0 bis zur absoluten Nullinie stellt die einfallende Wärme dar. Im Punkt C_0 beginnt die adiabatische Kompression und endigt in einem Punkt P, der eine bedeutend höhere Temperatur aufweist, als bei normalen Verhältnissen.

Die Kälteleistung auf 1 kg ändert sich bei sonst gleichen Umständen nicht (Fläche unter GC) dagegen nimmt der Arbeitsbedarf AL auf 1 kg zu (Dreieck CC_0PP_1). Eine zweite ungünstige Änderung zeigt das spezifische Volumen für die Ansaugemenge, das im Punkt C_0 größer ist als im Punkt C. Im gleichen Verhältnis wächst das Hubvolumen der zu entwerfenden Maschine, falls dieselbe Kälteleistung zustande kommen

3*

soll. Umgekehrt verkleinert sich bei gleichbleibenden Zylinderabmessungen das umlaufende Gewicht und damit die Kälteleistung auf die Stunde, während der Arbeitsbedarf derselbe bleibt.

Dagegen bietet sich der Vorteil, daß die lange Rückleitung gar nicht mit Wärmeschutzmittel umkleidet werden muß, falls das Rohr in die Erde verlegt wird. Die Leitung nimmt alsdann nur an ihrem vordersten Stück soviel Wärme auf, bis die Temperatur des Kältemittels nahezu auf diejenige der Erde gestiegen ist; von da an hört jeder Wärmeeinfall für den Rest der Rohrlänge auf.

Für die Zuleitung der Kälteflüssigkeit zum entfernt aufgestellten Verdampfer ergeben sich ebenfalls keine besonderen Nachteile. Selbstverständlich tritt die Rohrreibung als Spannungsabfall auf; dagegen hat es gar keinen Zweck die Leitung mit einem Schutzmittel zu umkleiden. Im Gegenteil kann sogar ein Vorteil entstehen, wenn nämlich die Flüssigkeit auf eine Temperatur unterkühlt wird, die noch höher ist, als diejenige der Erde. Der flüssige Kälteträger erfährt dann kostenlos eine weitere Unterkühlung in der Zuleitung zum Reglerventil.

Diese Bemerkungen zeigen, daß für große Werke Fernkühlanlagen gebaut werden können in ähnlicher Weise, wie Fernheizwerke mit Erfolg eingeführt worden sind. Man hat sogar noch den Vorteil, daß die Wärmeschutzhüllen nicht die wichtige Rolle spielen, wie bei den Zentralheizungsanlagen; wie gezeigt worden ist, kann die Umhüllung ganz wegfallen, ohne daß die Anlage wesentlich ungünstiger arbeitet.

In Abb. 24 ist außer der adiabatischen Kompression $C_0 P$ eine polytropische dargestellt, die sich ungefähr als schräg nach links aufsteigende Gerade $C_0 P_1$ einzeichnet. Eine derartige Annahme ist unter Umständen zulässig, wenn der Zylinder eine ausgiebige Kühlung des Mantels und der Deckel besitzt. Dort muß die Wärme abgeführt werden, die als Flächenstreifen zwischen P und P_1 sichtbar ist und als Unterschied des Wärmeinhaltes dieser beiden Punkte gewonnen wird. In Abb. 24 ist die Annahme gemacht, P_1 liege senkrecht über C und die Polytrope verlaufe geradlinig von C_0 nach P_1. Wie aus der Übertragung von Indikatordiagrammen hervorgeht, gelten diese Annahmen nur als Annäherungen an die wirklichen Verhältnisse.

Die Arbeit AL vermindert sich gegenüber der adiabatischen Arbeit um das Dreieck $C_0 P_1 P$; sie darf nicht etwa als Unterschied der Wärmeinhalte zwischen C_0 und P_1 gebildet werden, sondern es muß zum Unterschied der Wärmeinhalte von P_1 und C die Dreieckfläche $P_1 C C_0$ zugezählt werden.

Beispiel. Überhitzung der Saugleitung und Unterkühlung der Druckleitung auf $+10^0$ (Erde), Ammoniak, Zylinderkühlung (Abb. 24) $t_1 = +25^0$, $t_2 = -20^0$, $t_u = +10^0$, $t' = +10^0$.

Kälteleistung auf 1 kg $\qquad\qquad Q_2 = 295{,}5 - 11{,}1 \quad = 284{,}4$ kcal/kg
Adiabatische Arbeit auf 1 kg $(C_0 - P)$ $\quad AL' = 376{,}5 - 311{,}0 \quad = 65{,}5 \qquad$ „

Adiabatische Arbeit auf 1 kg $(C-P_1)$　$AL'' = 353,0 - 295,5$　$=$　57,5 kcal/kg
Mehrbedarf für Überhitzung im Saugrohr　　65,5 — 57,5　$=$　8,0　　,, (14%)
Mehrbedarf (Dreieck $C-P_1-C_0$)　0,06 · 0,5 (105,5 + 207)　$=$　3,75　,,
Arbeit der Polytrope　　　$AL = 57,5 + 3,75$　$=$　61,25　,,
Ersparnis gegen Adiabate $C-P$　　　65,5 — 61,25　$=$　4,25　,, (6,5%)

Leistungsziffer (Adiabatie C_0-P)　　　$\varepsilon = \dfrac{284,4}{65,5}$　$=$　4,34

Spez. Volumen Anfang Kompression (C_0)　　　　$=$　0,71　m³/kg
Spez. Volumen Anfang Kompression (C)　　　　$=$　0,624　,,
Zunahme des Zylindervolumens wegen Überhitzung
im Saugrohr　　　0,71 — 0,624 = 0,086 (13,8%)

12. Einspritzen von Kälteflüssigkeit in die Saugleitung.

Tritt bei langen Saugleitungen eine starke Überhitzung durch einfallende Wärme ein, so vermindert sich die Leistungsfähigkeit der Anlage. Man kann diesem Übelstand begegnen durch Einspritzen einer kleinen Menge Kälteflüssigkeit in die Saugleitung vor dem Eintritt des Gases in den Kompressor. Dadurch wird allerdings dem Verdampfer etwas Flüssigkeit entzogen, der Arbeitsbedarf vermindert sich und die Gesamtkälteleistung wird bei gegebener Anlage größer, weil der Kompressor ein größeres Gewicht ansaugen kann. Das Verfahren ist um so wirksamer, je tiefer die Temperatur im Verdampfer gegenüber derjenigen im Maschinenhaus liegt.

Beispiel. Soll die Überhitzung im vorigen Beispiel durch Einspritzen von Flüssigkeit beseitigt werden, so ergibt die Rechnung:

Unterschied der Wärmeinhalte $(C_0$ u. $C)$　　311,0 — 295,5　$=$　15,5 kcal/kg
Einspritzmenge auf 1 kg　　　　15,5/284,4　$=$　0,0545 kg
Kälteleistung auf 1 kg　　　(1 — 0,0545) 284,4 $=$ 269 kcal/kg
　　　　　　　(5,5% weniger)
Adiabatische Arbeit auf 1 kg $(C-P_1$, Abb. 24)　　$AL = $　57,5 kcal/kg

Leistungsziffer　　　　$\varepsilon = \dfrac{268}{57,5}$　　$=$　4,68

Zunahme der Leistungsziffer zufolge Einspritzung
　　　　　4,68 — 4,34 $=$　0,34 (7,8%)

13. Zusatzkompression der Kälteflüssigkeit.

Nach dem Vorschlag von Prof. R. Plank[1] läßt sich die Kältewirkung dadurch erhöhen, daß man den im Kondensator flüssig gewordenen Stoff einer nochmaligen Kompression unterwirft. Dieses Verfahren eignet sich hauptsächlich für solche Kälteträger, deren kritische Temperatur verhältnismäßig tief liegt (CO_2) und wenn ziemlich warmes Kühlwasser zur Verfügung steht.

---

[1] Z. ges. Kälteind. 1921.

Wie in Abb. 25 angedeutet, ist die Flüssigkeitspumpe F unmittelbar an den Kompressor C angeschlossen, damit etwa auftretende Undichtheiten am Kolben kein Entweichen von Flüssigkeit nach außen verursachen können. Der Stoff gelangt von der Pumpe F durch den Nachkühler N zum Regulierventil R und von dort zum Verdampfer V.

Im Entropiediagramm Abb. 26 für Kohlensäure zeigt die Linie $P-B$ die Abkühlung bis zur Temperatur t_u an; die Senkrechte $B-D$ bedeutet die adiabatische Zusatzkompression auf den hohen Druck p_3, $D-E$ stellt den Wärmeentzug im Nachkühler dar und $E-F$ die Drosselkurve.

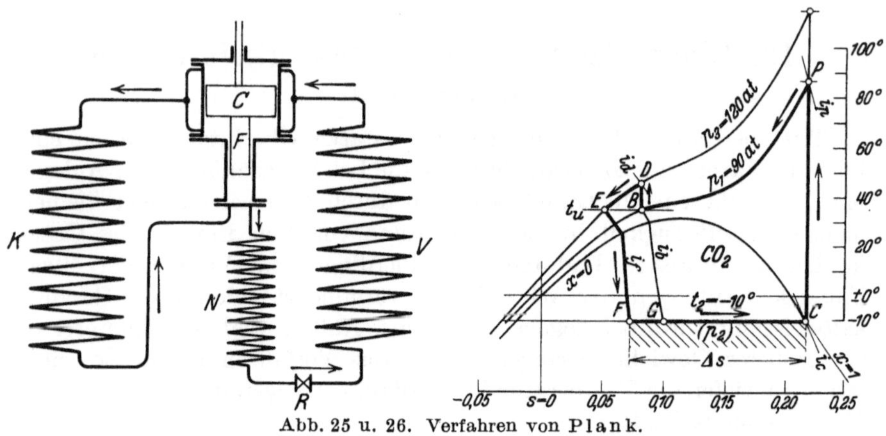

Abb. 25 u. 26. Verfahren von Plank.

Würde die Verdichtung nach dem normalen Verfahren nur bis zum Druck p_1 ausgedehnt, so wäre $B-G$ die Drosselkurve, man gewinnt also nach dem Verfahren von Plank an Kälteleistung einen Betrag, der durch die Strecke $F-G$ gekennzeichnet ist. Dafür wächst der Arbeitsbedarf um die Arbeit der Zusatzpumpe ($B-D$), die als Unterschied der Wärmeinhalte in D und B gefunden wird.

Beispiel. Der Kompressor erhalte trocken gesättigte Kohlensäure von $t_2 = -10°$ und verdichte sie auf 90 at, nach der Abkühlung auf $t_u = +35°$ werde der Stoff in der Flüssigkeitspumpe auf $p_3 = 120$ gedrückt und im Nachkühler wieder auf $+35°$ abgekühlt. Aus dem Diagramm läßt sich ablesen:

Kälteleistung $\quad Q_2 = i_c - i_f = 56,6 - 19,1 = 37,5$ kcal/kg

Arbeit $\quad\quad\quad AL = (i_p - i_c) + (i_d - i_b) = 69,3 - 56,6 + 26,0 - 24,9 =$
$$= 13,8 \text{ kcal/kg}$$

Leistungsziffer $\quad \varepsilon = \dfrac{37,5}{13,8} = 2,72$

Ohne Zusatzkompression ergibt die Verdichtung auf 90 at
$$Q_2 = 56,6 - 24,9 = 31,7 \text{ kcal/kg},$$
d. h. gegenüber dem Plankschen Verfahren 15,5% weniger.

Die Leistungsziffer beträgt
$$\varepsilon = 31,7/12,7 = 2,49 \ (9,5\% \text{ weniger}).$$

14. Zweistufige Drosselung.

Das von Vorhees eingeführte Verfahren (Multiple Effect Compression) ändert den gewöhnlichen Kreislauf dadurch, daß zwei Regulierventile hintereinander geschaltet werden, zwischen welchen der Abscheider A (Abb. 27) sitzt. Im ersten Ventil R_1 wird auf einen Zwischendruck p_0 gedrosselt und der dabei entstehende Dampf ausgeschieden, das zweite Ventil R_2 empfängt nur noch den flüssig gebliebenen Teil des Kälteträgers, der nun zum Verdampfer fließt, und von da zum Kompressor C. Sein Zylinder ist nach Art der Gleichstromdampfmaschine mit Schlitzen versehen, die sich in der Mitte des Mantels befinden und die mit dem Abscheider A verbunden sind. Gibt der Kolben diese Schlitze nach Durchlaufen seines Nutzhubes frei (etwa 10% vor Totpunkt), so kann der im Abscheider angesammelte Dampf in den Zylinder einfallen. Dort bildet sich ein Mischdruck p, der zwischen p_0 und p_2 liegt. Die Verdichtung

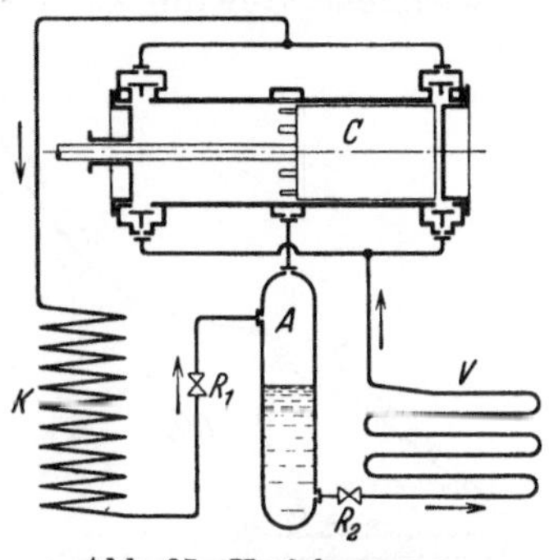

Abb. 27. Verfahren von Vorhees.

beginnt erst bei diesem Druck p und erst nachdem die Schlitze vom Kolben geschlossen worden sind; der Nutzhub für Ansaugen und Verdichtung beträgt daher nur 90% des ganzen Kolbenweges. In Abb. 28 ist das Indikatordiagramm gezeichnet.

Im Entropiediagramm dieses Prozesses (Abb. 29) ist die Temperatur t_1 vor dem ersten Drossel-

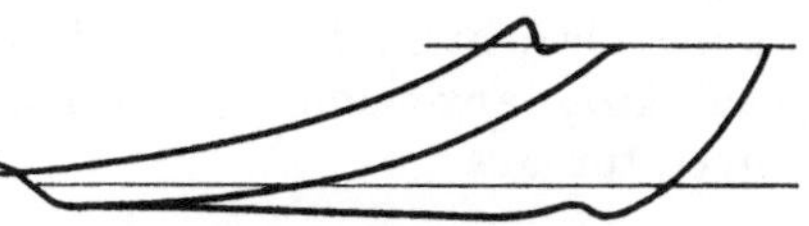

Abb. 28. Indikatordiagramm.

ventil höher als die kritische Temperatur angenommen und Kohlensäure als Kälteträger vorausgesetzt. Man muß deshalb den Druck p_1 im Kühler genügend hoch wählen, damit die erste Drosselkurve B—E nicht zu weit rechts zu liegen kommt. Punkt E zeigt den Zustand des Kälteträgers im Abscheider. Der Dampfgehalt beträgt dort

$$x_0 = FE/FH$$

und der Flüssigkeitsgehalt

$$1 - x_0 = EH/FH.$$

Da zum zweiten Ventil nur Flüssigkeit strömt, liegt der Anfangspunkt der zweiten Drosselkurve auf der unteren Grenzkurve in F; die Lage des Endpunktes G zeigt, daß der Verdampfer fast nur Flüssigkeit erhält. Die Kälteleistung auf 1 kg ist wie gewohnt durch die Strecke G—C dargestellt, falls keine Flüssigkeit aus dem Verdampfer mitgerissen wird. Die auf 1 kg der umlaufenden Menge bezogene Kälteleistung ist aber kleiner, da nicht mehr das ganze Kilogramm in den Verdampfer gelangt, sie beträgt

$$Q_2 = (i_c - i_g)\,(1 - x_0).$$

Wenn man die Drosselkurve B—E des ersten Ventils bis zum Punkt G' auf der unteren Temperaturstufe t_2 verlängert, so könnte die Meinung entstehen, die Strecke G—G' stelle den Gewinn an Kälteleistung dieses Verfahrens gegenüber dem gewöhnlichen mit einmaliger Drosselung dar. Der wirkliche Gewinn ist aber bedeutend kleiner, weil er auf 1 kg der umlaufenden Menge bezogen werden muß. Das nachfolgende Beispiel gibt hierüber Auskunft.

Nun ist zunächst der Anfangspunkt der Kompression zu bestimmen. Wir nehmen an, der Dampf verlasse den Verdampfer und den Abscheider in trocken gesättigtem Zustand (Punkte H und C Abb. 29). Beide Dampfsorten mischen sich, sobald der Kolben die Zylinderschlitze öffnet. Dadurch erhält die Mischung einen Wärmeinhalt

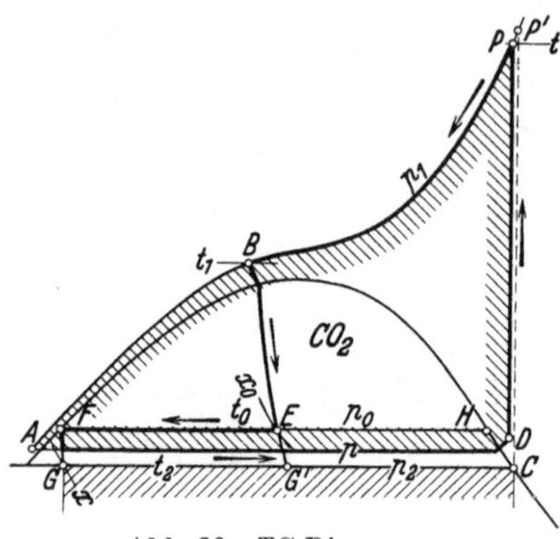

Abb. 29. TS-Diagramm.

$$i = x_0\,i_h + (1 - x_0)\,i_c,$$

wo i_h und i_c die Wärmeinhalte der beiden Bestandteile (in den Punkten H unb C) bedeuten. Da die spezifischen Wärmen beider Dämpfe ungefähr gleich groß angenommen werden dürfen, berechnet sich die Mischtemperatur aus

$$t = x_0\,t_0 + (1 - x_0)\,t_2.$$

Mit den Volumen V_h und V_c der beiden Bestandteile ergibt sich der Mischdruck p aus

$$p\,(V_h + V_c) = p_0\,V_h + p_2\,V_c.$$

Mit p und t ist der Anfangszustand der Kompression (Punkt D) bestimmt, der für die ganze umlaufende Menge gilt. Die Verdichtungsarbeit bei adiabatischer Kompression ist durch die Fläche A—D—P—B—A dargestellt und wird als Unterschied der Wärmeinhalte von P und D erhalten. Gegenüber dem gewöhnlichen Verfahren ist diese Arbeit kleiner, da der vom Abscheider zufließende kleinere Bestandteil nicht von der untersten Temperaturstufe aus zu verdichten ist.

Der Vorteil des Verfahrens nach Vorhees kommt erst zur Geltung, wenn man die Kälteleistung mit dem vom Kolben beschriebenen Volumen vergleicht, d. h. wenn man die Leistung auf 1 m³ berechnet.

Am internationalen Kältegongreß in London 1924 hat Henry Brier einige Versuchswerte bekannt gegeben, die mit zwei Maschinen von gleichen Hubvolumen und gleicher Drehzahl vorgenommen wurden, die eine Anlage mit normaler und die andere mit zweistufiger Drosselung. Es wurde gefunden:

Drosselung	einstufig (normal)	zweistufig (Vorhees)
Drehzahl/Min.	129	130
Sole Temperatur: Eintritt ^{0} C	— 14,4	— 13
Sole Temperatur: Austritt ^{0} C	— 17,6	— 16,3
Temperatur im Verdampfer ^{0} C	— 19,4	— 20
Kühlwasser Temperatur Eintritt: ^{0} C	+ 21,3	+ 21,2
Kühlwasser Temperatur Austritt: ^{0} C	+ 23,4	+ 24,1
Kälteleistung auf die Stunde kcal/h	7875	11 600
Leistungsaufnahme PS_i	6,57	8,06
Kälteleistung auf 1 PS/h kcal	1200	1440

Für die Berechnung des Hubvolumens des Kompressors ist nur das im Verdampfer gebildete Volumen V_c zu berücksichtigen, das während des eigentlichen Nutzhubes angesogen wird. Beträgt die Schlitzlänge 10 % des Hubes, so muß V_c um diesen Betrag vergrößert werden, wobei noch der Liefergrad λ der Maschine zu berücksichtigen ist. Man erhält demnach für das Hubvolumen des Vorhees-Kompressors

$$V = \frac{1,1 \cdot V_c}{\lambda}.$$

Beispiel. Es soll eine Schiffskältemaschine für eine Leistung von 10000 kcal/h entworfen werden, die nach dem Verfahren von Vorhees mit Kohlensäure arbeitet. Da unter Umständen warmes Kühlwasser zur Verfügung steht, soll der Kälteträger im Kühler nur auf + 35^0 C abgekühlt werden können.

Für diese Kohlensäureanlage sind folgende Werte gegeben:

Kühler: $\quad t_1 = + 35^0$, $\quad p_1 = 90$ at

Verdampfer: $\quad t_2 = —20^0$, $\quad p_2 = 20$ ata, $\quad v_c = 0,01947$ m^3/kg, $\quad i_c = 56,7$ kcal/kg

Abscheider: $\quad t_0 = —10^0$, $\quad p_0 = 27$ ata, $\quad v_h = 0,0142$ m^3/kg, $\quad i_h = 56,6$ kcal/kg

Aus dem Entropiediagramm ergeben sich die folgenden Zahlen:

Dampfgehalt hinter 1. Drosselung $\qquad x_0 = FE/FH = 0,489$

Flüssigkeitsgehalt hinter 1. Drosselung $1 — x_0 = EH/FH = 0,511$

Wärmeinhalt an der 2. Drosselstelle $\qquad i_g = —5,9$ kcal/kg

Kälteleistung auf 1 kg $\qquad Q_2 = 0,511\,(56,7 + 5,9) = 32,0$ kcal/kg

Umlaufende Menge $\qquad G_0 = 10000/32,0 \qquad\ = 312,5$ kg/h

Dampfmengen: aus Abscheider $\qquad G_h = 0,489 \cdot 312,5 \qquad = 152,5$,,

$\qquad\qquad\qquad\qquad\qquad\qquad V_h = 0,0142 \cdot 152,5 \quad = 2,17$ m^3/h

$\qquad\qquad$ aus Verdampfer $\qquad G_c = 0,511 \cdot 312,5 \qquad = 159,5$ kg/h

$\qquad\qquad\qquad\qquad\qquad\qquad V_c = 0,01947 \cdot 159,5 = 3,06$ m^3/h

Mischung: Druck $\qquad p = \dfrac{27 \cdot 2,17 + 20 \cdot 3,06}{2,17 + 3,06} = 22,9$ at abs.

$\qquad\qquad$ Temperatur $\qquad t = —10 \cdot 0,489 — 20 \cdot 0,511 =$

$\qquad\qquad\qquad\qquad\qquad\qquad\qquad\qquad\qquad = —15,11^0$ C

Wärmeinhalt der Mischung $\qquad i = 0,489 \cdot 56,6 + 0,511 \cdot 56,7 =$

$\qquad\qquad\qquad\qquad\qquad\qquad\qquad\qquad\qquad = 56,65$ kcal/kg

Wärmeinhalt Ende Adiabate $\qquad i_p = \qquad\qquad\qquad = 71,40$,,

Adiabatische Arbeit auf 1 kg $\qquad AL = 71,40 — 56,65 = 14,75$,,

Leistungsbedarf (adiabatisch) $\qquad N = \dfrac{312,5 \cdot 14,75}{632} = 7,28$ PS

Kälteleistung auf 1 PS/h $\qquad K = 10000/7,28 \qquad = 1375$ kcal/PS/h

Hubvolumen (Liefergrad 0,8) $\qquad V = 1,1 \cdot 306/0,8 \qquad = 4,20$ m^3/h

Vergleicht man dieses Ergebnis mit demjenigen des gewöhnlichen Prozesses, d. h. bei einmaliger Drosselung von B und G' und Kompression von C nach P' (Abb. 29), so ergibt sich

Wärmeinhalt Drosselung (Punkt $B - E - G'$)		$i_b = 24{,}8$ kcal/kg
Kälteleistung auf 1 kg	$Q_2 = 56{,}7 - 24{,}8$	$= 31{,}9$,,
Umlaufendes Gewicht	$G = 10000/31{,}9$	$= 314$ kg/h
Adiabatische Arbeit	$AL = 73{,}0 - 56{,}7$	$= 16{,}3$ kcal/kg
Kälteleistung auf 1 PS/h	$K = \dfrac{632 \cdot 31{,}9}{16{,}3}$	$= 1240$ kcal
Gewinn bei zweifacher Drosselung	$1375 - 1240 = 135$	,, (10 %)
Hubvolumen (Liefergrad 0,8)	$V = 312{,}5 \cdot 0{,}01947/0{,}8$	$= 7{,}6$ m³/h

Man erkennt, daß die vorgeschriebene Kälteleistung bei zweistufiger Drosselung ein bedeutend kleineres Hubvolumen benötigt.

15. Stufenweises Drosseln und Ansaugen.

Die im Verfahren von Vorhees (Abschnitt 14) angewendete Vermischung zweier Dämpfe von verschiedenen Zuständen verursacht einen Energieverlust. Er läßt sich vermeiden, wenn der in den Abscheider eintretende Dampf gesondert verdichtet und in die Druckleitung gefördert wird, die ihn zum Kondensator führt. Diese Anordnung ist in Abb. 30 gezeichnet, und zwar mit drei Drosselstellen R_1, R_2, R_3, zwei Abscheidern A_1, A_2 und zwei Hilfskompressoren C_1, C_2. Sie ist zu empfehlen, wenn die Druckgrenzen zwischen

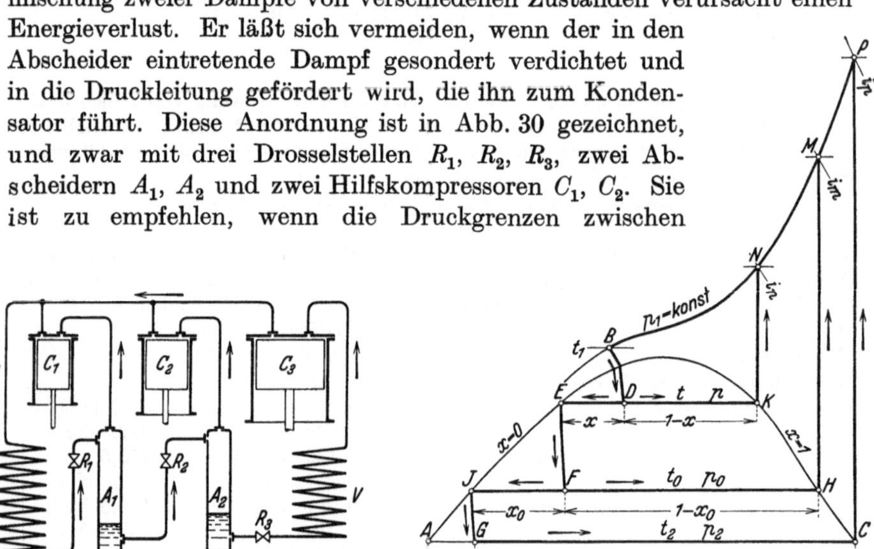

Abb. 30 u. 31. Stufenweises Drosseln und Ansaugen.

Kühler und Verdampfer weit auseinander liegen und warmes Kühlwasser zur Verfügung steht.

Dieser Prozeß ist in Abb. 31 im TS-Diagramm für Kohlensäure dargestellt. Durch die erste Drosselung ($B-D$) entsteht die Dampfmenge $x\,G$, die im ersten Hilfskompressor auf den Druck p_1 verdichtet wird ($K-N$). Das zweite Drosselventil erhält nur Flüssigkeit, und zwar $(1-x)\,G$ kg. Hiervon bilden sich $x_0\,(1-x)\,G$ kg Dampf, der im zweiten Kompressor auf den Druck p_1 gebracht wird $(H-M)$. Für die dritte Drosselung bleibt $(1-x_0)\,(1-x)\,G$ kg übrig. Diese Menge kommt in den Verdampfer und bewirkt die Kälteleistung

$$Q_2 = (i_c - i_g)\,(1 - x_0)\,(1 - x)$$

auf 1 kg der umlaufenden Menge.

Beispiel. Entwurf einer Anlage mit Kohlensäure für eine Kälteleistung von 100000 kcal/h bei -40^0 im Verdampfer und einer Abkühlung im Kühler auf $+35^0$.

Gegebene Werte: (Bezeichnungen der Abb. 31 entsprechend)

Kühler	$p_1 = 90$	ata,	$t_1 = +35^0$,	$i_b = 24{,}8$	kcal/kg,		
1. Drosselstufe	$p = 50$	,,	$t = +13{,}4^0$,	$i_k = 53{,}7$	,,	$v_k = 6{,}75$	l/kg
2. ,,	$p_0 = 20{,}06$	,,	$t_0 = -20^0$,	$i_h = 56{,}7$	,,	$v_h = 19{,}5$	,,
Verdampfer	$p_2 = 10{,}25$	,,	$t_2 = -40^0$,	$i_c = 56{,}2$	,,	$v_c = 38{,}2$	,,

Anteile an	Dampf		Flüssigkeit	
nach 1. Drosselung	$x = 0{,}354$		$1 - x = 0{,}646$	
nach 2. Drosselung	$x_0 = 0{,}295$		$1 - x_0 = 0{,}705$	
vor Verdampfer	$x_2 = 0{,}123$		$1 - x_2 = 0{,}837$	

Wärmeinhalte: Punkt G (Abb. 31) $i_g = -11{,}1$ kcal/kg,

     ,, N (Abb. 31) $i_n = 58{,}8$,,

     ,, M (Abb. 31) $i_m = 73{,}2$,,

     ,, P (Abb. 31) $i_p = 81{,}4$,,

Kälteleistung auf 1 kg $Q_2 = (56{,}2 + 11{,}1)\,0{,}646 \cdot 0{,}705 =$

          $30{,}6$ kcal/kg

Umlaufende Menge	$G = 100000/30{,}6$	$= 3270$ kg/h
Dampf vom 1. Abscheider	$G_1 = 0{,}354 \cdot 3270$	$= 1158$,,
	$V_1 = 6{,}75 \cdot 1159/1000$	$= 7{,}8$ m³/h
Dampf vom 2. Abscheider	$G_2 = 0{,}295 \cdot 0{,}646 \cdot 3270$	$= 623$ kg/h
	$V_2 = 19{,}5 \cdot 624/1000$	$= 12{,}2$ m³/h
Dampf vom Verdampfer	$G_3 = 0{,}646 \cdot 0{,}705 \cdot 3270$	$= 1490$ kg/h
	$V_3 = 38{,}2 \cdot 1490/1000$	$= 56{,}9$ m³/h

Leistungsaufnahme:

1. Hilfskompressor $AL_1 = 58{,}8 - 53{,}7 = 5{,}1,\ N_1 = \dfrac{5{,}1 \cdot 1158}{632} = 9{,}3$ PS

2. Hilfskompressor $AL_2 = 73{,}2 - 56{,}7 = 16{,}5,\ N_2 = \dfrac{16{,}1 \cdot 623}{632} = 15{,}8$,,

Hauptkompressor $AL_2 = 81{,}4 - 56{,}2 = 25{,}2,\ N_3 = \dfrac{25{,}2 \cdot 1490}{632} = 59{,}4$,,

            im Ganzen   84,5 PS

Kälteleistung auf 1 PS/h (adiabatisch) $K = \dfrac{100000}{84{,}5} = 1182$ kcal/PS/h

16. Veränderliche Betriebsverhältnisse.

An einer im Betrieb befindlichen Kälteanlage stellt sich einige Zeit nach der Anlaufperiode ein Beharrungszustand ein, falls sich der Kälte bezug nicht ändert. Dieser Zustand ist erreicht, wenn sich die Temperaturen mit der Zeit nicht mehr ändern.

Ein solcher störungsfreier Betrieb ist aber selten von langer Dauer. Dabei können folgende Fälle eintreten:

1. Nehmen wir als einfachster Fall an, der Kältebedarf nehme plötzlich ab, ohne daß irgendein Organ der Anlage verstellt wird, so ändert sich das vom Kompressor angesaugte Dampfvolumen nicht. Da aber weniger Wärme in den Verdampfer einfällt, kann weniger Flüssigkeit verdampfen, folglich sinkt der Druck im Verdampfer. Nun setzt das Nachdampfen ein, bis die Temperatur auf den Betrag gesunken ist, der dem kleineren Druck entspricht. Die hierzu nötige Wärme wird aus dem Unterschied der Flüssigkeitswärmen bestritten zwischen dem alten und dem neuen Zustand. Das spezifische Volumen des entspannten Dampfes ist aber größer geworden, dadurch sinkt die Gewichtsmenge des umlaufenden Kälteträgers und somit auch die stündliche Kälteleistung, sie paßt sich also dem kleiner gewordenen Bedarf an.

Man erkennt hieraus, daß eine sich selbst überlassene Anlage eine in gewissen Grenzen wirksame Selbstregelung besitzt, wobei sich die Temperaturen im Verdampfer und im Kondensator etwas verschieben, wenn sich der Kältebedarf ändert.

2. Das Regulierventil wird verstellt, und zwar bei Abnahme des Kältebedarfes auf Verengung des Durchflusses. Dadurch senkt sich der Druck hinter dem Ventil und das umlaufende Gewicht des Kälteträgers nimmt ab, mit ihm die Kälteleistung. Auch hier verschieben sich die Temperaturen etwas abwärts, immerhin weniger als im ersten Fall. Diese Regelung ist für kleine Schwankungen genügend.

3. Die Verstellung der Drehzahl ist das wirksamste Mittel, um die Liefermenge des Kompressors dem Bedarf genau anzupassen. Bei Riemenübertragung von einem Wellenstrang her kann eine Stufenscheibe oder ein Zahnradgetriebe eingeschaltet werden.

Erhält der Kolbenkompressor seinen Antrieb unmittelbar von einer Kolbendampfmaschine, so läßt sich die Drehzahl der Gruppe in weiten Grenzen stetig verändern.

4. Kann die Drehzahl nicht verstellt werden, so läßt sich die Liefermenge des Kompressors verstellen durch Verändern der schädlichen Räume an beiden Zylinderenden des Kompressors. An den Deckeln befinden sich abschließbare Zusatzräume, durch Öffnen der Räume vermindert sich der Liefergrad.

5. Bei Mehrzylindermaschinen kann man eine oder mehrere Zylinderseiten ausschalten, um die Leistung stufenweise herabzumindern. Die Ausführung geschieht mittels abschließbarer Umlaufleitung von der Druck- zur Saugseite oder durch Beeinflussung des Saugventiles derart, daß es während der Ausstoßperiode offen bleibt.

6. Viele Betriebe zeigen eine Veränderlichkeit in den Temperaturen, namentlich derjenigen im Verdampfer.

Findet z. B. ein starkes Ansteigen dieser Temperatur statt, womit gleichzeitig auch der Druck im Verdampfer zunimmt, so fängt die Anlage an, nach dem nassen Verfahren zu arbeiten, wenn der Abscheider nicht genügend hoch aufgestellt ist. Die Kälteleistung nimmt ab und es entsteht die Gefahr, daß Flüssigkeit bis in den Kompressor gelangt und dort Schläge verursacht.

Nehmen wir z. B. an, bei der Herstellung von Sole von -10^0 steige die Temperatur zeitweise bis auf $+2^0$; dadurch verschiebt sich die Temperatur im Verdampfer von -15^0 auf -3^0 und der Druck bei Verwendung von Ammoniak von 2,5 auf 4,0 at abs. oder um 15 m Wassersäule. Die entsprechende Ammoniaksäule beträgt $16 \cdot 1{,}56 =$ 25 m. Der Flüssigkeitsspiegel im Abscheider müßte demnach mindestens 25 m über der höchsten Spirale des Verdampfers stehen, damit die Spirale noch überflutet würde und die Entnahme des Dampfers müßte auch jetzt noch Gewähr dafür bieten, daß keine Flüssigkeit in die Saugleitung mitgerissen würde.

Für solche Fälle verwenden Gebr. Sulzer A.G., Winterthur eine Flüssigkeitspumpe, die den Kälteträger aus dem Abscheider in die Flüssigkeitsleitung vor den Verdampfer zurückdrückt.

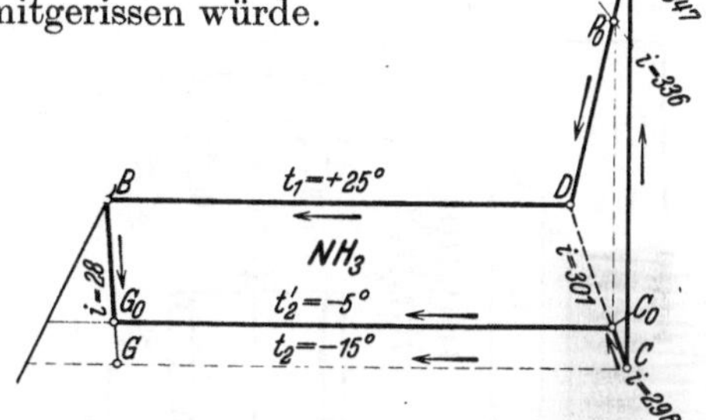

Abb. 32. Drosseln im Saugrohr.

7. Eine Temperaturregelung entsteht dadurch, daß ein Drosselventil in die Hauptsaugleitung eingesetzt wird. Arbeitet der Kompressor z. B. mit einem Druck im Saugrohr, der einer Temperatur von -15^0 entspricht, so kann im Verdampfer doch nur -5^0 herrschen, wenn der zugehörige Druckunterschied durch Drosseln des Dampfes im Saugrohr hervorgebracht wird.

Man kann diese Wirkung im Entropiediagramm verfolgen (Abb. 32). Die waagerechte normale Linie $t_2 = -15^0$ der Verdampfung G—C steigt auf die Waagerechte $G_0 - C_0$ mit $t_2 = -5^0$; trotzdem beginnt die Kompression in beiden Fällen im gleichen Punkt, nämlich im Schnitt C der Linie $t_2 = -15^0$ mit der oberen Grenzkurve, falls nicht noch eine Überhitzung in der Saugleitung stattfindet. Der Druck im Verdampfer beträgt alsdann 3,62 ata, vor Kompressor dagegen 2,14 ata, der Unterschied wird durch das Drosselventil vernichtet.

Wie sich aus der Abbildung ersehen läßt, vermindert sich die Leistungsziffer ε. Sie beträgt in vorliegendem Beispiel unter Verwendung von Ammoniak und bei $t_1 = +25^0$ im Kondensator ohne Drosselung mit $t_2 = -5^0$

$$\varepsilon = \frac{301 - 28}{336 - 301} = 7{,}8 \,,$$

mit Drosselung $t_2' = -5^0$ im Verdampfer, $t_2 = -15^0$ vor Kompression

$$\varepsilon = \frac{296 - 28}{347 - 296} = 5{,}25 \,.$$

Diese Regelung verursacht unter vorliegenden Verhältnissen einen Mehrverbrauch an Arbeit von 32,6%. Das beschriebene Verfahren ist nur empfehlenswert, wenn die höhere Temperatur im Verdampfer nicht häufig benützt werden muß.

17. Zweistufige Kompression mit Zwischendampfentnahme.

Um die Leistungsfähigkeit der Anlage zu erhöhen, wird die Kompression in neuerer Zeit häufig in zwei Stufen getrennt nach dem in Abb. 33 dargestellten Schema. Der im Kondensator K flüssig gewordene Kälteträger erhält im Drosselventil R_1 eine erste Druckverminderung auf den Zwischendruck p_0 (t_0),

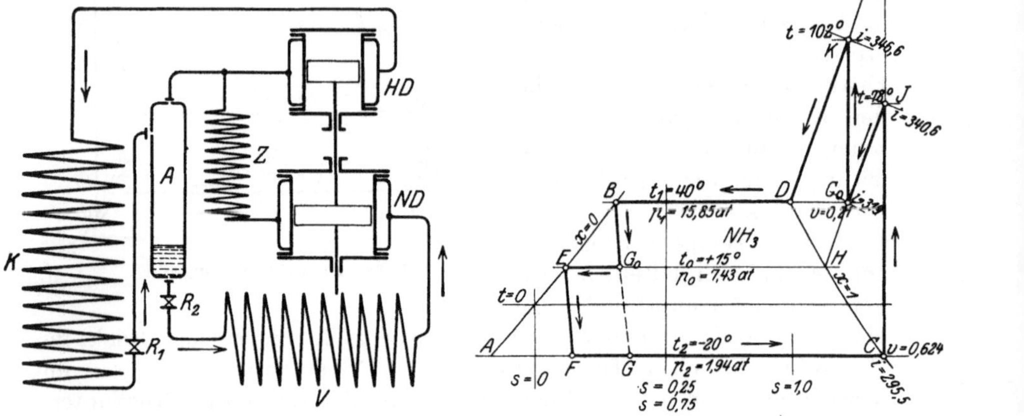

Abb. 33 u. 34. Zweistufige Kompression.

fließt alsdann zum Ausscheider A, wo sich der im Drosselventil R_1 gebildete Dampf sammelt und zum Hochdruckzylinder HD strömt, während der flüssige Anteil das Regulierventil R_2 durchfließt und von da wie gewohnt in den Verdampfer gelangt. Den dort entstandenen Dampf fördert der Niederdruckzylinder ND durch den Zwischenkühler zum HD.

Die erreichte Verbesserung des Prozesses ist namentlich fühlbar bei großen Temperaturgefällen, wenn warmes Kühlwasser zur Verfügung steht, mit dem wenig oder gar nicht unterkühlt werden kann.

Dieser Vorgang ist im Entropiediagramm Abb. 34 dargestellt; hierbei ist vorausgesetzt, daß der Kondensator keine Unterkühlung zustande bringe. Die erste Drosselung B—G_0 beginnt bei p_1, t_1; dort bildet sich die Dampfmenge $x = EG_0/EH$ auf 1 kg. Bedeutet G_0 das in den Verdampfer eintretende Gewicht und G' die bei der ersten Drosselung entstandene Dampfmenge, so ist das ganze umlaufende Gewicht

$$G = G_0 + G'.$$

Die in den Abscheider kommende Dampfmenge beträgt

$$G' = x\,(G' + G_0) = \frac{x}{1-x}\,G_0\,.$$

Die zweite Drosselung erfolgt von E nach F (Abb. 34); man erhält damit eine Kälteleistung, die der Strecke $F{-}C$ entspricht, statt nur der Strecke $G{-}C$. Im ND-Zylinder vollzieht sich die Kompression am Nutzgewicht G_0 (Strecke $C{-}J$), das im Zwischenkühler auf die Temperatur t_1 abgekühlt wird (Strecke $J{-}C_0$). Durch die Mischung dieser Menge mit dem vom Abscheider kommenden Dampf G' bildet sich eine kleine Temperatursenkung, und zwar beträgt die Mischtemperatur

$$t_m = \frac{G_0 t_1 + G' t_0}{G_0 + G'}\,,$$

sie ist wegen der Kleinheit der Menge G' gegen G_0 unbedeutend und wurde in Abb. 34 nicht berücksichtigt.

Die Anlage vereinfacht sich etwas dadurch, daß der Abscheider A und der Zwischenkühler Z (Abb. 33) zu einem Kessel vereinigt werden können. Die **Linde-Atlaswerke Bremen** haben diese Anordnung für Schiffskühlmaschinen mit Kohlensäure als Kältestoff angewendet.

Beispiel. Eine zweistufige Ammoniakanlage soll für folgende Verhältnisse entworfen werden:

Kälteleistung in der Stunde $\qquad Q_0 = 100000$ kcal/h

Temperaturen: $\quad t_1 = +40^0,\quad t_2 = -20^0,\quad t_0 = +15^0,\quad t_u = +40^0.$

Sieht man von Nebenverlusten ab, so ergibt sich folgende Rechnung:

Kälteleistung auf 1 kg	$Q_2 = 295,5 - 16,7$	$= 278,8$ kcal/kg
Vom ND-Zylinder anzusaugen	$G_0 = 100000/278,8$	$= 359$ kg/h
Dampfgehalt nach 1. Drosselung		$x_0 = 0,10$
Dampfmenge vom Abscheider	$G' = 0,1 \cdot 359/0,9$	$= 40$ kg/h
Vom HD-Zylinder anzusaugen	$G_h = 359 + 40$	$= 399$,,
Liefergrad jeden Zylinders (angenommen)		$\lambda = 0,9$
Hubvolumen ND-Zylinder	$V_n = 359 \cdot 0,624/0,9$	$= 249$ m³/h
Hubvolumen HD-Zylinder	$V_h = 399 \cdot 0,21/0,9$	$= 93$,,
Zylinder doppelwirkend, Durchmesser 240/150, Hub 250 mm, Drehzahl 200		
Arbeit im ND-Zylinder	$AL_n = 340,6 - 319,0$	$= 45,1$ kcal/kg
Arbeit im HD-Zylinder	$AL_h = 446,6 - 319,0$	$= 27,6$,,
Leistungsaufnahme (adiabatisch)	$N = \dfrac{45,1 \cdot 359 + 27,6 \cdot 399}{632}$	$= 43$ PS
Kälteleistung auf 1 PS/h	$K = 100000/43$	$= 2330$ kcal/PS/h

18. Zweistufige Kompression mit Unterkühlung durch den Kaltdampf.

Um die vom Kondensator kommende Kälteflüssigkeit kräftig zu unterkühlen, auch wenn warmes Kühlwasser zur Verfügung steht, kann man den im Verdampfer entstandenen Kaltdampf benützen, indem man ihn in einem Doppelröhrensystem U (Abb. 35) der abzukühlenden Flüssigkeit entlang führt. Der in diesem Unterkühler stattfindende

Wärmeaustausch überhitzt den Kaltdampf und unterkühlt den Kälteträger vor seinem Eintritt in das Regulierventil. Der Dampf wird vom
ND angesaugt und durch den Zwischenkühler Z zum HD gedrückt.
Diese Anordnung gibt wohl eine Vergrößerung der Kälteleistung, doch
wächst auch der Arbeitsaufwand.

In Abb. 36 ist das Entropiediagramm des Vorganges gezeichnet.
Darin bedeutet $C-D$ die Überhitzung des Kaltdampfes im Unterkühler;
der Unterschied der Wärmeinhalte in D und C $(i_d - i_c)$ dient zur Unterkühlung von B nach E, wobei die Endtemperatur t_u im Punkt E genügend

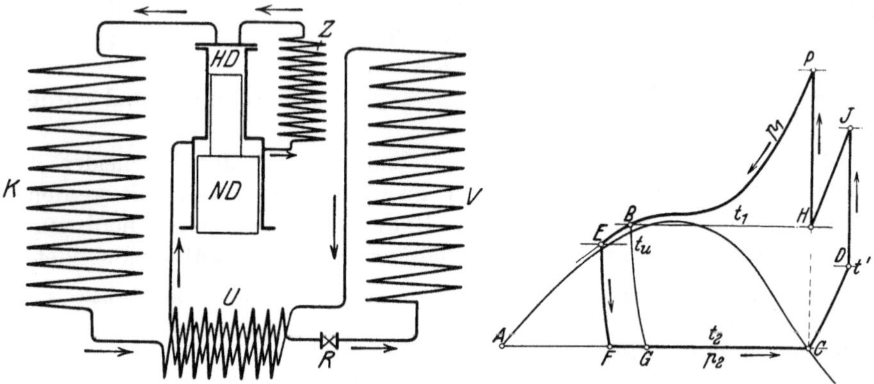

Abb. 35 u. 36. Unterkühlung durch den Kaltdampf.

über der Temperatur des ankommenden Dampfes stehen muß, um den
Wärmeaustausch zu ermöglichen.

Beispiel. Für Kohlensäure Abb. 36 sei angenommen:

$t_2 = -30^0$, $p_1 = 80$ at, $\quad t_1 = +30^0$, $t' = +12^0$, $t_u = +20^0$

Kälteleistung	$Q_2 = i_c - i_f = 56{,}6 - 10{,}9 = 45{,}7$	kcal/kg
Arbeit im ND-Zylinder	$AL_n = i_i - i_d = 78{,}8 - 67{,}5 = 11{,}3$	,,
Arbeit im HD-Zylinder	$AL_h = i_p - i_h = 77{,}0 - 66{,}6 = 10{,}4$	,,
Arbeit insgesamt	$AL = 11{,}3 + 10{,}4 = 21{,}7$	,,
Leistungsziffer	$\varepsilon = 45{,}7/21{,}7 = 2{,}11$	,,
Kälteleistung einstufig $(G-C)$	$Q_2' = 56{,}6 - 20{,}8 = 35{,}8$	,,
Arbeit einstufig $(C-P)$	$AL' = 77{,}0 - 56{,}6 = 20{,}4$	,,
Leistungsziffer	$\varepsilon' = 35{,}8/20{,}4 = 1{,}76$	,,
Gewinn an Kälteleistung	$45{,}7 - 35{,}8 = 9{,}9$ kcal/kg (27%)	
Gewinn an Leistungsziffer	$2{,}11 - 1{,}76 = 0{,}35$ kcal/kg (16,5%)	
Kälte im Unterkühler verfügbar	$i_d - i_c = 67{,}5 - 56{,}6 = 10{,}9$ kcal/kg	
Zur Unterkühlung nötig	$i_g - i_f = 20{,}8 - 10{,}9 = 9{,}9$	,,
Überschuß an Kälte im Unterkühler	$= 1{,}0$	,,

19. Zweistufige Verdampfung.

Bei vielen Kälteanlagen sollen an zwei Orten verschieden tiefe Temperaturen dauernd erhalten werden. Im Brauereibetrieb verlangt man
eine getrennte Kühlung des Süßwassers und der Sole, für große

Eisfabriken ist es zweckmäßig, das Gefrierwasser vorzukühlen, besonders in heißen Gegenden. Auch von Anlagen für Luftkühlung fordert man oft ungleich tiefe Temperaturen in verschiedenen Räumen.

Für diese Zwecke könnte eine gewöhnliche Kälteanlage dienen, nur müßte der ganze umlaufende Kälteträger auf die tiefste Temperatur abgekühlt werden, die im Betrieb verlangt wird; er wäre also für Orte mit weniger tiefen Temperaturen unnötig stark abgekühlt, d. h. die Anlage hätte eine entsprechende Mehrarbeit zu leisten.

Man kann nun die Wirtschaftlichkeit solcher Betriebe wesentlich erhöhen, wenn zwei getrennte Verdampfer angeordnet werden, falls

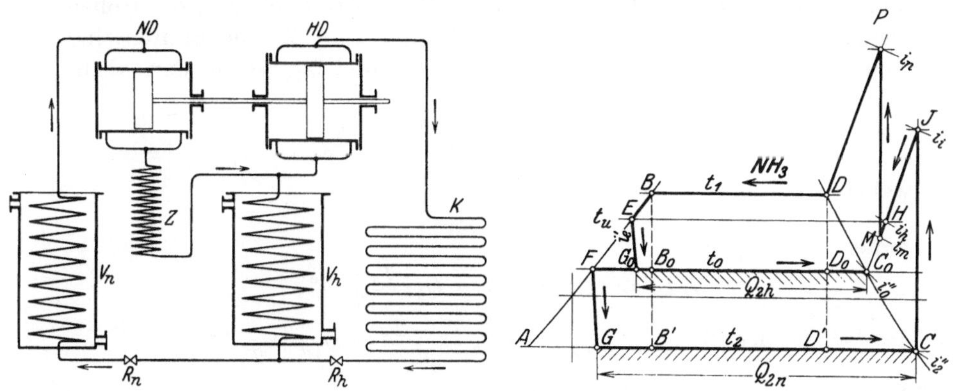

Abb. 37 u. 38. Zweistufige Verdampfung.

zwei verschieden tiefe Temperaturen gefordert werden. In Verbindung mit diesen Verdampfern steht ein zweistufiger Kompressor, wie das Schema (Abb. 37) zeigt.

Im Entropiediagramm (Abb. 38) ist eine Unterkühlung der Kälteflüssigkeit vorausgesetzt (B—E), die Drosselung im ersten Regulierventil R_h ist durch die Linie konstanten Wärmeinhaltes (E—G_0) dargestellt und die Strecke G_0—C_0 entspricht der Kälteleistung Q_{2h} im HD-Verdampfer. Da das zweite Regulierventil R_n nur Flüssigkeit empfängt, wird die im ersten Ventil entwickelte Dampfmenge ebenfalls an den HD-Verdampfer abgegeben, der für diese Menge die Rolle des Abscheiders übernimmt. Im ND-Verdampfer entwickelt sich die Dampfmenge

$$G_{0n} = Q_{0n}/Q_{2n}$$

im HD-Verdampfer

$$G_{0h} = Q_{0h}/Q_{2h},$$

dazu wird im HD-Verdampfer abgeschieden

$$G' = \frac{x}{1-x}\,(G_{0n} + G_{0h})\,.$$

Die ganze umlaufende Menge beträgt nun

$$G = G_{0n} + G_{0h} + G'.$$

Ostertag, Kälteprozesse. 2. Aufl. 4

Der im ND-Kompressor verdichtete Dampf wird zunächst im Zwischenkühler Z auf die Temperatur t_u abgekühlt (J—H), alsdann mischt er sich mit dem aus V_h kommenden Sattdampf, wodurch eine weitere Temperatursenkung entsteht. Der Wärmeinhalt i_m nach der Mischung bestimmt sich aus

$$i_m G = i_h G_{0n} + i_0'' (G_{0h} + G').$$

Mit i_m ist der Anfangspunkt M der zweiten Verdichtung (M—P) gegeben.

Will man diese zweistufige Verdampfung mit dem Carnot-Prozeß vergleichen, so ist zunächst die Leistungsziffer des letzteren zu berechnen. Der Idealprozeß zeichnet sich für die obere Stufe als Rechteck BDD_0B_0 und für die untere Stufe als Rechteck $B_0D_0D'B'$ (Abb. 38), die Höhen entsprechen den Unterschieden $T_1 - T_0$ und $T_0 - T_2$, die Breiten sind gleich groß. Mit den Kälteleistungen Q_{2h} und Q_{2n} sowie den abzuführenden Wärmen Q_{1h} und Q_{1n} ist

$$\varDelta S = \frac{Q_{1h}}{T_1} = \frac{Q_{1n}}{T_0} = \frac{Q_{2h}}{T_0} = \frac{Q_{2n}}{T_2},$$

wobei

$$Q_{2h} = Q_{1n},$$

ferner

$$A L_h = Q_{1h} - Q_{2h} = Q_{1h} \frac{T_1 - T_0}{T_1},$$

$$A L_n = Q_{1n} - Q_{2n} = Q_{2h} \frac{T_0 - T_2}{T_0} = Q_{1h} \frac{T_0 - T_2}{T_1}.$$

Nun ist die Leistungsziffer nach Carnot

$$\varepsilon_0 = \frac{G_h Q_{2h} + G_n Q_{2n}}{(G_n + G_h) A L_h + G_n A L_n},$$

mit den gefundenen Werten

$$\varepsilon_0 = \frac{G_h T_0 + G_n T_2}{(G_n + G_h)(T_1 - T_0) + G_n (T_0 - T_2)}.$$

Die mehrstufige Verdampfung ist nicht an eine mehrstufige Verdichtung gebunden. Man kann z. B. den Dampf aus drei Verdampfern mit je einem einstufigen Kompressor absaugen und dem gemeinsamen Kondensator zuführen, wobei jeder Zylinder mit einem anderen Druckverhältnis arbeitet. Liegt die Temperatur des dritten Verdampfers tief, so kann es sich lohnen, den dort entstandenen Dampf in zwei Stufen zu verdichten, während die Dämpfe der anderen Verdampfer in einstufigen Zylindern auf die obere Druckstufe gelangen.

Beispiel. Es soll eine NH_3-Anlage mit zwei Verdampfern für folgende Verhältnisse berechnet werden:

Verlangte Kälteleistungen	insgesamt 500000 kcal/h
im ND-Verdampfer bei $t_2 = -20^0$	$Q_{0n} = 200000$,,
im HD-Verdampfer bei $t_0 = +10^0$	$Q_{0h} = 300000$,,
Temperatur im Kondensator	$t_1 = +40^0$
Temperatur vor HD-Regulierventil	$t_u = +30^0$

Aus der Entropietafel kann abgelesen werden

Kälteleistung auf 1 kg im ND-Verd.	$Q_{2n} = 295{,}5 - 11{,}1$	$= 284{,}4$ kcal/kg
Kälteleistung auf 1 kg im HD-Verd.	$Q_{2h} = 303{,}9 - 33{,}8$	$= 270{,}1$,,
Vom ND-Verdampfer entwickelt	$G_{0n} = 200\,000/284{,}4$	$= 703$ kg/h
Vom HD-Verdampfer entwickelt	$G_{0h} = 300\,000/270{,}1$	$= 1111$,,

Dampfgehalt nach 1. Drosselung $\qquad x = \dfrac{33{,}8 - 11{,}1}{303{,}9 - 11{,}1} = 0{,}078$

Vom 1. Regulierventil abgeschieden $\qquad G' = \dfrac{0{,}078\,(703 + 1111)}{1 - 0{,}078} = 156$ kg/h

Vom ND-Zylinder anzusaugen $\qquad\qquad\qquad\qquad G_{0n} = 703$,,

Vom HD-Zylinder anzusaugen $\qquad G_h = 703 + 1111 + 156 = 1970$,,

Wärmeinhalt Ende Zwischenkühler $\qquad\qquad\qquad i_h = 317$ kcal/kg

Wärmeinhalt Ende HD-Verdampfer $\qquad\qquad\qquad i_0'' = 303{,}9$,,

Wärmeinhalt nach Mischung $i_m = \dfrac{317 \cdot 703 + 303{,}9\,(1111 + 156)}{1970} = 311$,,

Temperatur nach Mischung (Punkt M)	$t_m = +20^0$	
Spez. Volumen vor ND-Zylinder (Punkt C)	$v_2'' = 0{,}624$ m³/kg	
Ansaugevolumen ND-Zylinder	$V_n = 0{,}624 \cdot 703$	$= 439$ m³/h
Spez. Volumen vor HD-Zylinder	$v_m = 0{,}22$ m³/kg	
Ansaugevolumen HD-Zylinder	$V_h = 0{,}22 \cdot 1970$	$= 434$ m³/h

(Die Zylinder können gleich groß ausgeführt werden.)

Arbeit auf 1 kg im ND-Zylinder	$AL_n = 333{,}5 - 295{,}5$	$= 38{,}0$ kcal/kg
Arbeit auf 1 kg im HD-Zylinder	$AL_h = 340{,}7 - 308{,}5$	$= 32{,}2$,,

Leistungsaufnahme (adiabatisch) $\qquad N = \dfrac{38 \cdot 703 + 32{,}2 \cdot 1970}{632} = 142{,}5$ PS

Kälteleistung auf 1 PS/h $\qquad K = 500\,000/142{,}5 = 3500$ kcal/PS/h

Carnot-Leistungsziffer $\qquad \varepsilon_\theta = \dfrac{1111 \cdot 283 + 703 \cdot 253}{1814 \cdot 30 + 703 \cdot 30} = 6{,}52$

Wirkungsgrad gegen Carnot $\qquad \eta_c = \dfrac{3500}{632 \cdot 6{,}52} = 0{,}85$

20. Unterkühlung durch die Kälteflüssigkeit.

Von der im Kondensator K (Abb. 39) niedergeschlagenen Flüssigkeit strömt der größte Teil in die Kühlschlange des Unterkühlers U und von da wie gewohnt durch das Regulierventil R in den Verdampfer V; der dort entstandene Dampf wird vom ND-Zylinder angesaugt und durch den Zwischenkühler Z in den HD-Zylinder geleitet.

Ein kleiner Teil der Kälteflüssigkeit zweigt von der Hauptleitung zwischen Kondensator und

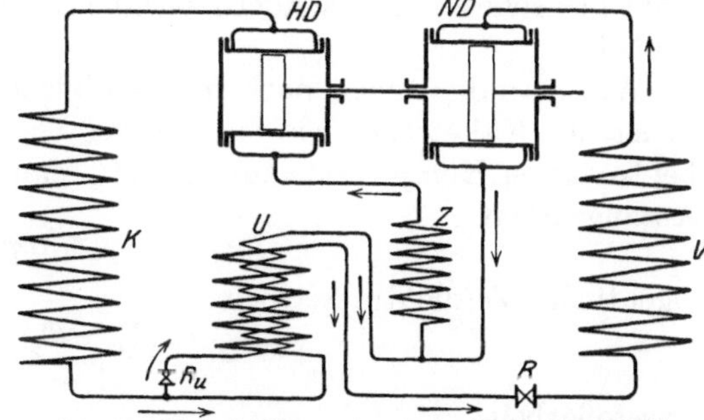

Abb. 39. Unterkühlung durch die Kälteflüssigkeit.

Unterkühler ab, erfährt im Drosselventil R_u die nötige Temperatursenkung, um als Kältemittel zur Abkühlung des anderen Teiles zu dienen. Dieser kleinere Teil G_u entweicht aus dem Unterkühler als Dampf und fließt zusammen mit der vom ND-Zylinder kommenden Hauptmenge in den Zwischenbehälter Z, der mit Wasserkühlung versehen werden kann.

Der beschriebene Vorgang gibt im Entropiediagramm dasselbe Bild, wie die zweistufige Verdampfung; dabei wird die Kälteleistung Q_u zur Unterkühlung allein benützt und nur im kälteren Verdampfer erfolgt die verlangte Kältewirkung.

Beispiel. Ändert man den in Abb. 38 dargestellten Prozeß auf diese Verhältnisse, so ergibt sich folgende Rechnung:

Verlangte Kälteleistung bei	$t_2 = -20^0$	$Q_0 = 500000$ kcal/h
Kälteleistung auf 1 kg im Verdampfer	$Q_2 = 295,5 - 11,1$	$= 284,4$ kcal/kg
Zur Kältewirkung nötig	$G_0 = 500000/284,4$	$= 1760$ kg/h
Kälteverbrauch auf 1 kg im Unterkühler	$Q' = 33,8 - 11,1$	$= 22,7$ kcal/kg
Kälteleistung der Einspritzflüssigkeit	$Q_2' = 303,9 - 33,8$	$= 270,1$,,

$$\text{Zur Unterkühlung nötig} \qquad G_u = \frac{22,7 \cdot 1760}{270,1} = 148 \text{ kg/h}$$

Arbeit auf 1 kg im ND-Zylinder	$AL_n = 333,5 - 295,5$	$= 38,0$ kcal/kg
Arbeit auf 1 kg im HD-Zylinder	$AL_h = 340,7 - 308,5$	$= 32,2$,,
Arbeit auf 1 kg insgesamt		$70,2$,,
Leistungsaufnahme für Kältewirkung	$N_n = 70,2 \cdot 1760/632$	$= 195,5$ PS
Leistungsaufnahme für Unterkühlung	$N_u = 32,2 \cdot 148/632$	$= 7,5$,,
Leistungsaufnahme insgesamt (adiabatisch)		$= 203,0$,,
Kälteleistung auf 1 PS/h	$K = 500000/203$	$= 2460$ kcal/PS/h

In vorliegender Rechnung ist der günstige Fall vorausgesetzt, daß der Unterkühler imstande ist, die Flüssigkeit bis auf t_0 abzukühlen.

21. Berechnung des Arbeitsbedarfes ohne Dampfentropietafel.

Die bisherigen Beispiele zeigen, daß sich der Arbeitsbedarf stets als Unterschied zweier Wärmeinhalte bestimmen läßt, die man aus der Entropietafel des betreffenden Stoffes ablesen muß. Diese Methode ist nicht nur sehr einfach, sondern zeichnet sich aus durch große Übersichtlichkeit.

Will man die Arbeit nach früher üblicher Art ohne Tafel berechnen, so ist der Kälteträger wie ein anderes Gas anzusehen, was wenigstens bei trockener Kompression zulässig ist. Man erhält sie aus den drei Teilen Ansaugearbeit

$$- p_2 v_2 = - RT_2$$

eigentliche Verdichtungsarbeit

$$+ \frac{c_v (T_g - T_2)}{A}$$

Ausstoßarbeit

$$+ p_1 v_1 = RT_g .$$

Im ganzen

$$AL = (AR + c_v)(T_g - T_2) = c_p (T_g - T_2) .$$

Hierin bedeutet T_g die Endtemperatur der adiabatischen Kompression und wird aus der bekannten Formel berechnet

$$T_g = T_2 \left(\frac{p_1}{p_2}\right)^{\frac{k-1}{k}}$$

worin $k = c_p/c_v$ das Verhältnis der spezifischen Wärmen bedeutet.

Die Benützung dieser Formel kann dadurch umgangen werden, daß man ein TS-Diagramm des betreffenden Gases entwirft unter der Annahme, daß ein Sättigungszustand gar nicht vorhanden ist. Diese Annahme deckt sich mit der Berechnung der Arbeit nach der alten Methode. In Abb. 40 ist dieses Gasdiagramm im gleichen Maßstab eingezeichnet, der für das Dampfdiagramm gilt. Für 'die p-Linien berechnen sich zu beliebigen Ordinaten T die Abszissen aus

$$\Delta s = c_p \, ln \left(\frac{T}{T_2}\right).$$

Der waagerechte Abstand zwischen zwei p-Linien beträgt

$$\Delta s = AR \, ln \left(\frac{p_1}{p_2}\right).$$

Der Flächenstreifen unter dem Linienstück G—J gemessen bis zur absoluten Nullinie stellt die Verdichtungsarbeit dar

$$AL = c_p \, (T_g - T_2),$$

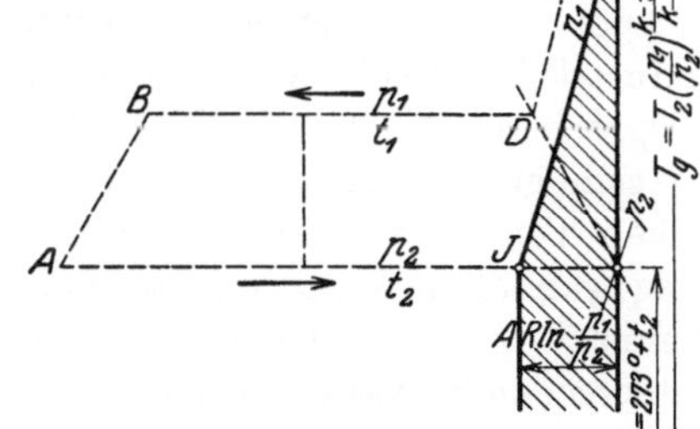

Abb. 40. Vergleich von Dampf- und Gasdiagramm.

er ist inhaltgleich mit der Diagrammfläche $A\,C\,PDBA$ des Dampfentropiediagrammes. Durch Elimination der Temperaturen erhält man

$$AL = \frac{k}{k-1} \, p_2 v_2 \left[\left(\frac{p_1}{p_2}\right)^{\frac{k-1}{k}} - 1\right].$$

Diese Betrachtung zeigt, daß die mit dem Druckverhältnis berechnete Temperatur T_g keineswegs übereinstimmt mit der wirklichen Endtemperatur der adiabatischen Kompression; diese Temperatur T_g ist nur ein Zwischenwert zur Berechnung der Arbeit aus dem Druckverhältnis, T_g hat demnach keine physikalische Bedeutung.

Rechnet man für das in Abschnitt 8 behandelte Beispiel diesen Zwischenwert aus und setzt als Mittelwert für SO_2

$$c_p = 0,16, \quad k = 1,25,$$

so folgt

$$\left(\frac{p_1}{p_2}\right)^{\frac{k-1}{k}} = \left(\frac{3,96}{1,04}\right)^{\frac{0,25}{1,25}} = 1,315.$$

Mit

$$T_2 = 263^0\,K \quad \text{wird} \quad T_g = 1,315 \cdot 263 = 345,5^0\,K, \, t_g = 72,5^0\,C$$

und

$$AL = 0,16\,(72,5 + 10) = 13,2 \; \text{kcal/kg}$$

also gleichviel wie aus dem Dampfdiagramm bestimmt.

Will man die Temperatur T_g aus dem Gasdiagramm ablesen, so muß die Entfernung $C-J$ zunächst berechnet werden:

$$\Delta s = A R \, ln \, \frac{p_1}{p_2} = \frac{13{,}2}{42{,}7} \cdot 2{,}303 \, Log \, \frac{3{,}96}{1{,}04} = 0{,}0423.$$

Zieht man die neue p_1-Linie in der waagerechten Entfernung $C-J$ von der p_2-Linie, so liefert der Schnitt mit der Senkrechten durch den Anfangspunkt C den Endpunkt G und damit die Ordinate $t_g = 72{,}5^0$. Man erkennt, daß dieser Zwischenwert bedeutend kleiner ist, als die wirkliche Endtemperatur, die auf 115^0 C ansteigt.

22. Das Wesen der Wärmepumpe.

Jede Kälteanlage kann als eine Einrichtung angesehen werden, um Wärme von einer tiefen Temperatur auf eine höhere zu bringen, die für industrielle Zwecke verwertbar ist. Diese von Lord Kelvin 1852 ausgesprochene Verwendbarkeit der Anlage wird als Wärmepumpe bezeichnet. Ihr Hauptzweck besteht in der Erzeugung einer genügend hohen Temperatur der abzuführenden Wärme; sie setzt sich aus der umgewandelten Arbeit und aus der Kälteleistung zusammen. Man erhält demnach nicht nur 632 kcal/h von jeder PS/h, sondern zudem noch die entsprechende Kälteleistung.

Für eine derartige Heizanlage sind die Gestehungskosten groß, sobald aber auch die Kältewirkung nutzbar gemacht werden kann, ergibt sich die Heizwirkung kostenlos. Als Kältemittel eignen sich vorzugsweise solche Stoffe, die bei höheren Temperaturen nicht sehr hohe Drücke aufweisen.

Beispiel. Eine SO_2-Anlage soll aus dem Grundwasser Wärme entnehmen und auf 40^0 C hochpumpen; das Grundwasser kühle sich dabei von $+ 8^0$ auf $+ 1^0$ ab. Dem Entropiediagramm für trockenen Gang entnehmen wir folgende Werte:

Anfang Kompression	$t_2 = 0^0$	$p_2 = 1{,}58$ at	$i_2'' = 90{,}8$ kcal/kg
Ende Kompression	$t_1 = +40^0$	$p_1 = 6{,}35$ at	$i = 106{,}8$,,
Unterkühlung	$t_u = +30^0$		$i_u' = 10{,}1$,,
Spez. Kälteleistung		$Q_2 = 90{,}8 - 10{,}1 = 80{,}7$,,
Arbeit		$A L = 106{,}8 - 90{,}8 = 16{,}0$,,
Im Kondensator		$Q_1 = 80{,}7 + 16{,}0 = 96{,}7$,,

Mit einer umlaufenden Menge von $G = 10$ kg/min und einem Wirkungsgrad von 70% ergibt sich ein Energiebedarf von

$$N = \frac{16{,}0 \cdot 10 \cdot 427}{60 \cdot 75 \cdot 0{,}7} = 21{,}6 \text{ PS}.$$

Das Kühlwasser führt demnach die Wärme $10 \cdot 96{,}7 \cdot 60 = 58000$ kcal/h ab oder 2960 kcal auf 1 PS/h, das ist etwa das Vierfache der Wärme, die aus 1 PS/h allein erhältlich ist.

Eine Wärmepumpe anderer Art ist in chemischen Fabriken mit Erfolg eingeführt worden zum Eindampfen von Laugen. Die Wärme des im Kocher freiwerdenden Wasserdampfes reicht — abgesehen von

Verlusten — gerade aus, um die gleiche Menge Dampf aus der Salzlösung zu erzeugen. Da aber zum Wärmefluß ein Temperaturgefälle nötig ist, ebenso ein Druckgefälle zur Überwindung der Widerstände, so muß der entstehende Wasserdampf verdichtet werden.

Wie das Schema Abb. 41 zeigt, saugt der Turbokompressor T den Dampf aus dem Kocher A und drückt ihn durch die Heizschlangen H, wo die Kondensation stattfindet. Schließlich kann das heiße Kondensat die ankommende Lauge im Gegenstromkessel G anwärmen. Das Anwärmen mit Frischdampf geschieht durch Heizschlangen h.

Beispiel. Arbeitet dieser Kreislauf zwischen den Druckgrenzen 2,0 und 7,0 at abs., so ergibt sich aus der Entropietafel des Wasserdampfes:

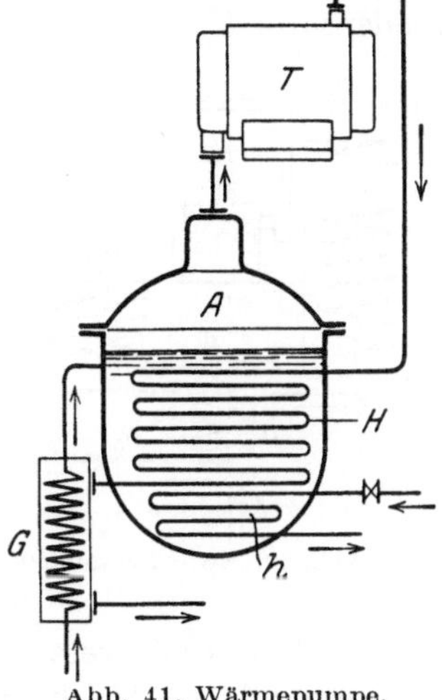

Abb. 41. Wärmepumpe.

Anfang der Kompression $p_2 = 2$ at $\quad t_2 = 120^0$
$$v_2 = 0,9 \quad i_2''' = 647 \text{ kcal/kg}$$
Ende der Kompression $p_1 = 7$ at $\quad t_1 = 250^0$
$$v_1 = 0,35 \quad i_1 = 707 \text{ kcal/kg}$$

Bei Beginn der Kondensation beträgt die Sättigungstemperatur 164^0 ($i_1'' = 667$), am Ende ist noch die Wärme $i_1' = 166$ kcal/kg in der Flüssigkeit enthalten, die im untersten Teil der Heizschlange auf 144^0 unterkühlt werde ($i_u = 146$). Demnach ergibt sich:

In der Heizschlange nutzbar $\qquad Q_1 = 707 - 146 = 561$ kcal/kg
Aus Kompressionsarbeit $\qquad AL = 707 - 647 = 60 \quad\quad ,,$
Mit $G = 10$ kg/min und $\eta = 0,7$ ist

$$\text{Energiebedarf } N = \frac{69 \cdot 10 \cdot 427}{60 \cdot 75 \cdot 0,7} = 81,5 \text{ PS}$$

Leistung der Heizschlange $Q_0 = 561 \cdot 10 \cdot 60 = 336\,600$ kcal/h.

Die Leistung auf 1 PS/h beträgt demnach 4130 kcal/h.

Dieses Ergebnis fällt noch günstiger aus, wenn die Drucksteigerung kleiner angenommen wird, was aber größere Heizflächen bedingt.

23. Zweistufige Kompression mit Zwischenkondensation.

Bei gleichzeitiger Ausnützung einer Kälteanlage zu Wärmezwecken muß eine genügend hohe Temperatur des abfließenden Kühlwassers verlangt werden, um die Einrichtung als Wärmepumpe wirksam zu machen. Dadurch sinkt aber die Leistungsziffer der Kälteanlage.

Um das Kühlwasser hoch genug zu erwärmen, kann man die Kondensatoren zweier Kältemaschinen in Kaskade hintereinander schalten. Die von Altenkirch[1] vorgeschlagene Anordnung ist in Abb. 42 ersichtlich. Der Kompressor ND saugt trockenen Dampf aus dem Verdampfer

---

[1] Z. ges. Kälteind. 1921 S. 96.

V und drückt ihn durch den Kondensator K_n in den Unterkühler U, von wo er durch das Ventil R_n dem Verdampfer V als Flüssigkeit wieder zufließt. Der Hochdruckteil besitzt einen Verdampfer, der mit dem Kondensator K_n durch ein Doppelrohrsystem im Wärmeaustausch steht.

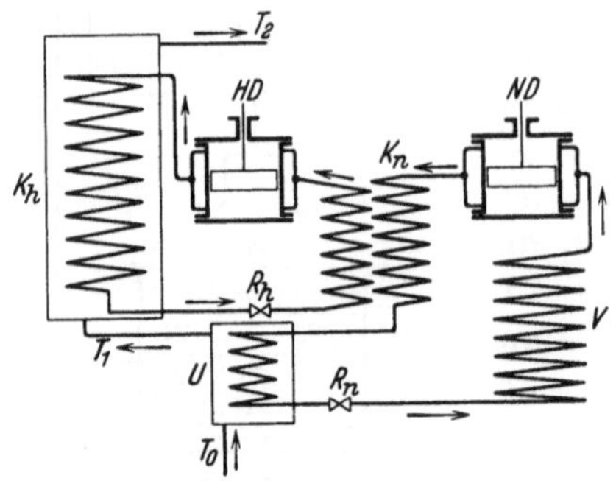

Abb. 42. Zwischenkondensation.

Der dort gebildete Dampf wird vom Kompressor HD angesaugt und nach dem Kondensator K_h gedrückt. Im Unterkühler U findet die Vorwärmung des Kühlwassers statt, das im Kondensator K_h bis auf 50^0 erwärmt werden soll.

Ein ähnliches Verfahren zeigt Schema Abb. 43, das nur einen Verdampfer V enthält. Im Kondensator K_n wird das Kühlwasser stark vorgewärmt und in K_h erhält es seine Endtemperatur. Der im Zylinder ND verdichtete Kälteträger verflüssigt sich zum größeren Teil in K_n und gibt im Abscheider A den Restdampf an den HD-Zylinder ab,

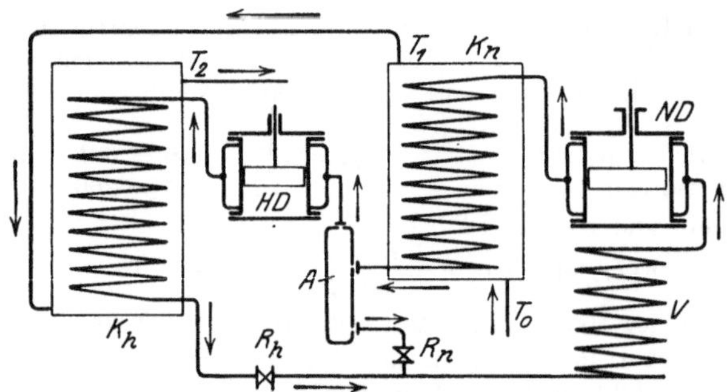

Abb. 43. Herstellung von heißem Wasser.

so daß dort nur noch ein Bruchteil der ganzen Menge auf die hohe Temperaturstufe verdichtet werden muß.

Eine der Firma Escher, Wyss & Cie. geschützte Anordnung fördert die Wärme einer Kälteanlage auf verschieden hohe Temperaturen an mehrere Heizstellen und führt den Wärmeträger nach der Entspannung in eine gemeinsame Leitung zur Wärmeaufnahme bei niedriger Temperatur. Das Verfahren ist in Abb. 44 für eine Kühlanlage dargestellt, bei der z. B. Ammoniak vom Kreiselverdichter T aus dem Verdampfer V angesaugt und verdichtet wird. Diese Maschine besitzt drei Druckstutzen an hintereinander liegenden Stufen, so daß der Stoff in drei Teilen mit verschieden hohen Drücken und Temperaturen zu den Kondensatoren K_1, K_2, K_3 abfließt. Die in den drei Regulierventilen

R_1, R_2, R_3 auf gemeinsamen Saugdruck entspannten Flüssigkeiten fließen in der gemeinsamen Leitung zum Verdampfer V. Den Behältern K_1, K_2, K_3 wird das Kühlwasser in Hintereinanderschaltung zugeführt. Dadurch ist es möglich, mit einer verhältnismäßig geringen Wasser-

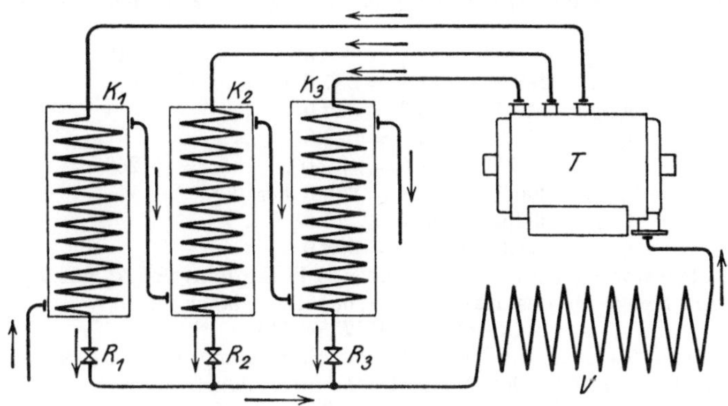

Abb. 44. Stufenweise Erwärmung.

menge eine große Wärme abzuführen. Ferner vermindert sich der Arbeitsbedarf gegenüber dem gewöhnlichen Verfahren, da nur ein Teil des Wärmeträgers auf den Enddruck zu verdichten ist.

Für gewisse Stoffe kann es zweckmäßig sein, das Kühlwasser in Parallelschaltung durch die Kondensatoren zu leiten (Äthylchlorid).

In Abb. 45 ist dieses Verfahren auf die eigentliche Wärmepumpe angewendet, und zwar soll z. B. das im Kanal A fließende Wasser von 20 auf 65° erwärmt werden unter Benützung von schwefliger Säure.

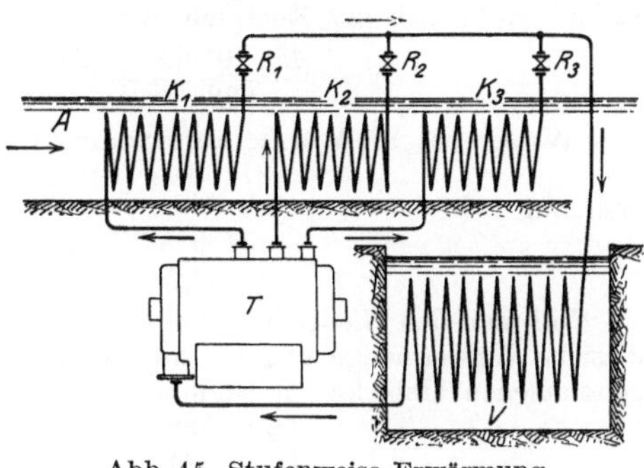

Abb. 45. Stufenweise Erwärmung.

Der Kreiselverdichter T saugt die Dämpfe aus den Schlangen V, die in fließendem Meerwasser liegen, und drückt sie in drei Teilen in die Heizspiralen K_1, K_2, K_3. Die erste Spirale erhält Dampf mit der kleinsten Druckerhöhung und vermag das Wasser von 20 auf 40° zu erwärmen; die zweite Spirale bringt das Wasser mit dem heißeren Dampf auf 55° und die dritte Spirale mit dem heißesten Dampf erwärmt das Wasser auf 65°. Nach der Entspannung in den Ventilen R_1, R_2, R_3 strömen alle Teile des Wärmeträgers in gemeinsamer Leitung zur Verdampferspirale V. Da die Heizschlangen in bezug auf die Wasserführung hintereinander geschaltet sind, kann diese beträchtliche Temperaturerhöhung erreicht werden, obwohl nur ein Teil des Trägers auf die hohe Temperatur gebracht werden muß. Das Verfahren läßt sich in gleicher Weise auch für Lufterwärmung benützen.

Beispiel. Für trockenen Betrieb mit Ammoniak nach Abb. 43 ergeben sich mit — 10^0 im Verdampfer, $+ 25^0$ Zwischentemperatur und $+ 50^0$ im Kondensator K_h unter Vernachlässigung der Temperaturgefälle zwischen Ammoniak und Kühlwasser:

N-Druck
$$t_2 = -10^0, \qquad t_1 = +25^0, \qquad t_u = +10^0$$
$$Q_{2n} = 298,7 - 11,1 = 287,6 \text{ kcal/kg}$$
$$AL_n = 340,7 - 298,7 = 42,0 \quad ,,$$
$$Q_{1n} = 287,6 + 42 = 329,6 \quad ,,$$

H-Druck
$$t'_2 = +25^0, \qquad t_1 = +50^0, \qquad t'_u = +25^0$$
$$Q_{2h} = 306,7 - 28,1 = 278,6 \text{ kcal/kg}$$
$$AL_h = 332,0 - 306,7 = 25,3 \quad ,,$$
$$Q_{1h} = 278,6 + 25,3 = 303,9 \quad ,,$$

Im Kondensator K_h wird die Wassermenge W (kg/min) von T_1 auf T_2 erwärmt und dazu die Menge G_h des Kältemittels benötigt, daher ist
$$Q_{1h} \cdot G_h = W (T_2 - T_1).$$
Im Kondensator K_n dient die Menge G_n zur Erwärmung des Wassers von T_0 auf T_1 und zur Kältewirkung der Niederdruckstufe, folglich ist
$$Q_{1n} \cdot G_n = W (T_1 - T_0) + Q_{2h} G_h.$$
Nehmen wir $G_n = 10$ kg/min an, so wird aus der ersten Gleichung
$$W/G_h = 303,9/25 = 12,16$$
und aus der zweiten
$$278,6\, G_h + 12,16\, G_h \cdot 15 = 10 \cdot 329,6$$
$$G_h = 7,14 \text{ kg/min}, \qquad W = 87 \text{ kg/min}.$$
Damit ergibt sich der Energiebedarf
$$N = \frac{42 \cdot 10 \cdot 60}{632} + \frac{25,3 \cdot 7,14 \cdot 60}{632} = 57,2 \text{ PS}.$$
Das Wasser hat an Wärme aufgenommen
$$87 (50 - 10) = 3480 \text{ kcal/min}$$
oder auf 1 PS/h
$$\frac{3480 \cdot 60}{57,2} = 3650 \text{ kcal/PS/h}.$$

Will man den Niederdruckteil allein benutzen, um mit dieser einfachen Anlage dieselbe Wassermenge von 10^0 auf 50^0 zu erwärmen, so ergibt sich bei einer angenommenen Unterkühlungstemperatur von 25^0 für die Ammoniakflüssigkeit
$$Q_2 = 298,7 - 28,1 = 270,6 \text{ kcal/kg}$$
$$AL = 374 - 299 = 75 \quad ,,$$
$$Q_1 = 270,6 + 75 = 345,6 \quad ,,$$
$$G = 3480/345,6 = 10 \text{ kg/min}$$
$$N = \frac{75 \cdot 10 \cdot 60}{632} = 71,3 \text{ PS}.$$

Der einfache Vorgang braucht demnach etwa 20% mehr Arbeit, um dieselbe Wärme in das Kühlwasser zu bringen.

24. Dreistufige Kompression mit zweistufiger Verdampfung.

Die chemische Industrie verlangt für ihre Kühlanlagen Verdampfertemperaturen von — 50^0 und tiefer; außerdem kommen bei ungünstigen Kühlwasserverhältnissen Temperaturen im Kondensator bis zu $+ 40^0$

vor. Für solche Fälle sind dreistufige Kompressoren zweckmäßig. Man
kann mit ihnen die Kälteleistung auf verschiedene Verdampfertemperaturen aufteilen, sei es um die Wirtschaftlichkeit zu erhöhen, sei es um
die Anlage gleichzeitig
für verschiedene Kühl-
zwecke zu benützen.

Eine eigenartige Aus-
führung dieser Art wurde
von den Vereinigten
deutschen Kältemaschi-
nenfabriken (VDK)
Borsig-Germania-
Humboldt in Berlin-
Tegel im Jahre 1931
an eine Ammoniakfabrik
nach Pennsylvanien ge-
liefert[1]. Bei der Erzeugung von synthetischem
Ammoniak verlangt die
Luftzersetzungsanlage

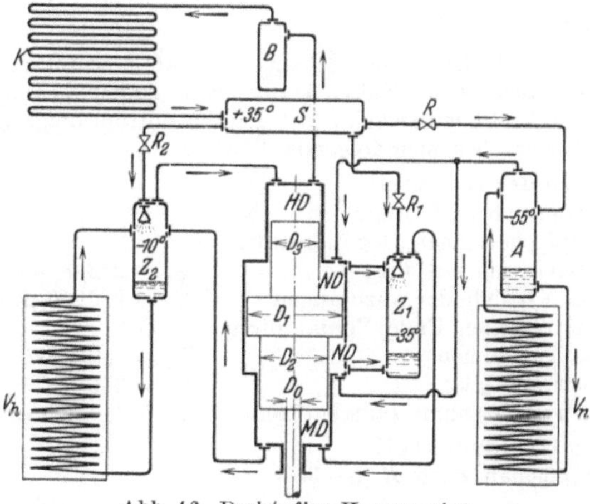
Abb. 46. Dreistufige Kompression.

eine Verdampfertemperatur von — 55°, ebenso das katalytisch gebun-
dene Gasgemisch (75% Wasserstoff und 25% Stickstoff).

Das Schema dieser Anlage zeigt Abb. 46. Der im
ND-Verdampfer V_n bei — 55° erzeugte Dampf strömt
zum Abscheider A und von da zur ND-Stufe des Kompressors, wo er auf 0,95 at abs. verdichtet wird. Im
Zwischenkühler Z_1 werden die überhitzten Dämpfe durch
Einspritzen von flüssigem
Kältestoff auf den Sätti-
gungszustand abgekühlt
und fließen nun zur
MD-Stufe, wo der Druck
auf 2,96 at abs. (—10°)
im Zwischenkühler Z_2 ansteigt. Dort wird die
Überhitzerwärme wieder
durch Einspritzen von
flüssigem Ammoniak ge-
bunden, außerdem gibt
der Kühler Kältemittel

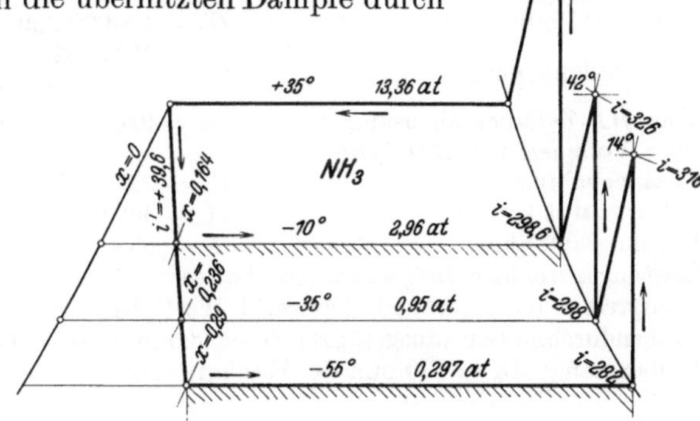
Abb. 47. Dreistufige Kompression.

an den HD-Verdampfer V_h ab, um das Wasserstoff-Stickstoffgemisch
bei — 10° vorzukühlen. Die Dämpfe ziehen von dort zur HD-Stufe und
alsdann über den Ölabscheider B zum Kondensator K, das flüssige

---

[1] Z. VDI 1932 S. 597 f.

Ammoniak kommt zum Sammler S, von wo aus der Kreislauf sich fortsetzt.

Die Ausführung des Kompressors zeigt die im Schema angedeuteten Kolben mit drei Abstufungen, wobei die ND-Stufe doppelwirkend angeordnet ist.

Beispiel. Eine nach Schema Abb. 46 auszuführende NH_3-Anlage soll im ND-Verdampfer eine Kälteleistung von 200000 kcal/h und im HD-Verdampfer 100000 kcal/h entwickeln. Mit dem im Entropiediagramm Abb. 47 eingeschriebenen Zahlen ergeben sich folgende Werte:

Niederdruckteil:

Verlangte Kälteleistung bei — 55°		$Q_0 = 200000$ kcal/h
Dampfgehalt nach Regulierventil		$x = 0,29$
Kälteleistung auf 1 kg	$Q_2 = 282,0 — 39,6$	$= 242,4$ kcal/kg
Vom ND-Zylinder anzusaugen	$G_0 = 200000/242,4$	$= 825$ kg/h
Spez. Volumen Ende Verdampfung (— 55°)		$v = 3,49$ m³/kg
Ansaugevolumen	$V_n = 3,49 \cdot 825$	$= 2880$ m³/h
Arbeit auf 1 kg	$AL = 316 — 282$	$= 34$ kcal/kg
Leistungsaufnahme (adiabatisch)	$N = 34 \cdot 825/632$	$= 44,5$ PS

Mitteldruckteil:

Dampfgehalt nach R_1 (— 35°)		$x = 0,236$
Einspritzmenge in Z_1	$G_e = \dfrac{825\,(316 — 290)}{290 — 39,6}$	$= 85,5$ kg/h
Vom MD-Zylinder anzusaugen	$G_m = 825 + 85,5$	$= 910,5$,,
Spez. Volumen vor MD-Zylinder (— 35°)		$v = 1,34$ m³/kg
Ansaugvolumen	$V_m = 1,34 \cdot 910,5$	$= 1240$ m³/h
Arbeit auf 1 kg	$AL = 326 — 290$	$= 36$ kcal/kg
Leistungsaufnahme (adiabatisch)	$N = 36 \cdot 910,5/632$	$= 51,8$ PS

Hochdruckteil:

Verlangte Kälteleistung bei — 10°		$Q_0' = 100000$ kcal/h
Kälteleistung auf 1 kg	$Q_2 = 298,6 — 39,6$	$= 259$ kcal/kg
Vom HD-Verdampfer	$G_0' = 100000/259$	$= 386$ kg/h
Zur Kühlung nötig	$G_e' = \dfrac{910,5\,(326,0 — 298,6)}{298,6 — 39,6}$	$= 96,5$,,
Vom HD-Zylinder anzusaugen	$G_h = 910,5 + 386,0 + 96,5 = 1393$,,	
Spez. Volumen vor HD-Zylinder		$v = 0,418$ m³/kg
Ansaugevolumen	$V_h = 0,418 \cdot 1393$	$= 583$ m³/h
Arbeit auf 1 kg	$AL = 352,0 — 298,6$	$= 53,4$ kcal/kg
Leistungsaufnahme	$N = 53,4 \cdot 1393/632$	$= 117,2$ PS
Leistungsaufnahme insgesamt (adiabatisch)		$N = 213,5$,,

Kompressor nach Abb. 46, Drehzahl 125 U/Min., Kolbenhub 700 mm, Kolbendurchmesser (ausgeführt) $D_1 = 900$ mm, $D_2 = 630$ mm, $D_3 = 450$ mm, Kolbenstange $D_0 = 130$ mm (s. Abschnitt 26).

25. Der wirkliche Verlauf des Dampfkompressionsprozesses.

Die bisher durchgeführten Rechnungen nehmen keine Rücksicht auf Nebenerscheinungen, die ungünstig auf den Kältevorgang wirken. Die berechnete Kälteleistung wird durch folgende Einflüsse vermindert:

Einfallende Wärme. Verdampfer und Saugleitung sind nicht wärmedicht, sondern nehmen von außen Wärme auf, wodurch die eigentliche Kälteleistung beeinträchtigt wird. Für den Entwurf ist deshalb diese (Netto-) Kälteleistung um einen durch Erfahrung zu bemessenden Wert zu vergrößern und die Anlage auf die Brutto-Kälteleistung zu berechnen. Letztere wird gewährleistet und bei den Abnahmeversuchen gemessen.

Einfluß der Zylinderwandungen. Im Verlauf der Kompression steigt mit der Temperatur des arbeitenden Stoffes auch diejenige der Zylinderwandung; die Wandungen geben daher während des Ansaugehubes und im unteren Teil der Kompression Wärme an den Dampf ab. Ein solcher Übergang verursacht einen Verlust.

Bei „nassem" Vorgang bewirkt die von der Zylinderwand einfallende Wärme eine Trocknung des Dampfes, d. h. eine schädliche Dampfentwicklung aus dem Flüssigkeitsrest heraus, der sich im Zylinder befindet. Diese Wirkung wird verstärkt durch den Umstand, daß der Flüssigkeitsgehalt der Mischung nicht gleichmäßig im Dampf verteilt ist, sondern sich während des Ansaugens an den Wandungen niederschlägt. Die nassen Wandungen bilden daher gute Wärmeleiter für diese schädlichen Übergänge.

Der „trockene" Vorgang zeigt zwar größere Temperaturunterschiede während der Verdichtung; trotzdem ist der Wärmeübergang von den Wandungen an den Dampf geringer als beim nassen Verfahren.

Einfluß des schädlichen Raumes. Der Zylinderraum zwischen Deckel und Kolben in seiner Totstellung ruft im allgemeinen dieselben Abweichungen hervor, wie bei den Kolbenkompressoren für Luft oder sonstige Gase. Sie bestehen der Hauptsache nach darin, daß das vom Kolben beschriebene Volumen nicht vollständig zum Ansaugen verwendet wird. Das Verhältnis des Ansaugevolumens zum entsprechenden Kolbenvolumen nennt man Liefergrad λ, der stets kleiner als 1 ist und im übrigen von der Größe des schädlichen Raumes sowie vom Druckverhältnis abhängt.

Bei nassem Vorgang bleibt am Ende des Ausstoßens noch etwas Flüssigkeit im schädlichen Raum zurück; während der darauffolgenden Expansion verdampft diese Flüssigkeit beim Vorwärtsgang des Kolbens und vergrößert das Endvolumen der Expansion ganz bedeutend, so daß für das nun beginnende Ansaugen wenig Raum mehr übrigbleibt. Dadurch wird der Liefergrad empfindlich herabgesetzt, das Ansaugen kann sogar bei genügend nassem Vorgang ganz aufhören.

Bei trockenem Vorgang befindet sich im schädlichen Raum am Ende des Ausstoßens nur Gas, das den Liefergrad durch seine nahezu adiabatische Expansion nur wenig verkleinert, namentlich wenn der Zylinder einen kleinen schädlichen Raum aufweist. Der trockene Vorgang ist daher auch in Hinsicht auf den schädlichen Raum im Vorteil.

Zur Bestimmung des Liefergrades für trockenen Vorgang darf mit genügender Genauigkeit angenommen werden, die Zylinderräume seien proportional den entsprechenden spezifischen Volumen in denselben. Ist nun s_0 das Volumen des schädlichen Raumes und s'' das Expansionsvolumen (Abb. 54, S. 79), ferner v_d und v_f die am Ende des Ausstoßens (Punkt D) und am Ende der Expansion (Punkt F) herrschenden Volumen auf 1 kg, so folgt

$$\frac{s_0 + s''}{s_0} = \frac{v_f}{v_d}, \text{ oder } s'' = \left(\frac{v_f}{v_d} - 1 \right) s_0 \,.$$

Der Liefergrad als Verhältnis des Ansaugevolumens zum Hubvolumen darf aus dem Indikatordiagramm entnommen werden und beträgt

$$\lambda = \frac{s'}{s} = \frac{s - s''}{s}$$

(volumetrischer Wirkungsgrad), woraus

$$\lambda = 1 - \left(\frac{s_0}{s} \right) \left(\frac{v_f}{v_d} - 1 \right).$$

Die Werte v_d und v_f lassen sich aus der Entropietafel ablesen, wenn die Expansionslinie eingezeichnet ist, oder aus der Zustandsgleichung berechnen.

Bei Beginn der Expansion herrscht derselbe Druck wie am Ende der Kompression; da auch die Temperatur nahezu dieselbe ist, darf meistens das Volumen am Ende des Ausstoßens gleich dem am Ende der Kompression v_1 gesetzt werden:

$$v_d = v_1 \,.$$

Wird für die Expansion dieselbe Zustandsänderung vorausgesetzt wie für die Kompression, so ist mit hinreichender Genauigkeit das spezifische Volumen am Ende der Expansion gleich dem Volumen am Anfang der Kompression:

$$v_f = v_2 \,.$$

Mit diesen Annahmen ist die Bestimmung von λ vereinfacht.

Ventil- und Leitungswiderstände. Diese Verluste können Berücksichtigung finden mit Hilfe der Zahlenwerte, die aus der Hydraulik bekannt sind. Einfacher ist die Benutzung des Indikatordiagramms des Kompressors, das die Pressungen im Zylinder aufschreibt. Die Unterschiede gegenüber den Pressungen im Verdampfer und im Kondensator, die den abgelesenen Dampftemperaturen entsprechen, sind die Druckverluste.

26. Bestimmung der Hauptabmessungen.

Für die Berechnung einer Kälteanlage ist die Gesamtkälteleistung (brutto) Q_0 gegeben, d. h. die in den Verdampfer in der Stunde einfallende Wärme. Häufig muß aber die Nettoleistung gewährleistet werden, d. h. die von der Sole aus der Umgebung aufzunehmende Wärme oder den zur Eiserzeugung notwendigen Wärmeentzug. Da sie um den Betrag der Einstrahlungswärme in die Leitungen kleiner ist als die Gesamtkälteleistung, so muß dieser Verlust zur Nettoleistung zugezählt werden, um Q_0 zu erhalten.

Als zweite gegebene Größe ist die verlangte tiefe Temperatur zu nennen, und zwar gilt für die Berechnung die Temperatur t_2 im Verdampfer. Ist eine mittlere Soletemperatur vorgeschrieben, so muß ein Temperaturabfall von etwa 5^0 zur Wärmeübertragung verfügbar sein; im Verdampfer muß also eine um diesen Betrag tiefere Temperatur angenommen werden. Wird z. B. in einem Kühlraum die Temperatur -5^0 vorgeschrieben, so ist die Sole mit -10^0 zu versehen und im Verdampfer muß auf -15^0 abgekühlt werden. Man erkennt daraus, daß die mittelbare Übertragung der Kälte durch die Sole als zweiten Träger den Nachteil mit sich bringt, daß zweimal Temperaturabsenkungen zufolge Wärmeleitung stattfinden, wodurch die Leistungsziffer sinkt.

Als dritte Größe ist die Temperatur des ankommenden Kühlwassers gegeben, das die Kondensation und Unterkühlung zu besorgen hat. Für normale Verhältnisse nimmt man die Temperatur im Kondensator um 10—15^0 höher als die des einströmenden Wassers, damit noch für die Unterkühlung etwas übrig bleibt. In unseren Gegenden wird häufig mit $+ 10^0$ für das eintretende Wasser, mit $+ 25^0$ im Kondensator und mit $+ 12^0$ am Ende der Unterkühlung gerechnet. In tropischen Gegenden sind diese Zahlen bedeutend höher einzuschätzen.

Die hiermit festgestellten Temperaturen t_1, t_2 und t_u tragen wir in das Entropiediagramm ein und erhalten damit die Diagrammkälteleistung Q_2 und die zugehörige Arbeit AL auf 1 kg des Kälteträgers. Bei trockenem Gang darf dabei vorausgesetzt werden, die Kältewirkung erstrecke sich bis zum trocken gesättigten Zustand, der mit dem Kompressionsbeginn zusammenfalle.

Nun ist aber die wirkliche Kälteleistung

$$Q_2' = \varphi\, Q_2$$

kleiner als die aus dem Diagramm abgelesene theoretische Kälteleistung, und zwar berücksichtigt das Verhältnis φ die Änderung des Dampfzustandes durch den Einfluß der Zylinderwandung (Wandungswert) während des Ansaugens, sowie die Durchlässigkeit der Ventile, der Kolbenringe und der Stopfbüchse. Alle diese Nebeneinflüsse wirken ungünstig auf die Kälteleistung Q_2. Bei guten Anlagen kann für den Entwurf

$$\varphi = 0{,}8 \text{ bis } 0{,}9$$

geschätzt werden.

Mit der vorgeschriebenen stündlichen Kälteleistung Q_0 und der Kälteleistung Q_2' auf 1 kg berechnet sich das im Verdampfer nötige Gewicht des Kälteträgers

$$G_0 = Q_0/Q_2' \text{ kg/h}$$

oder
$$G_0 = \frac{Q_0}{\varphi\, Q_2} \text{ kg/h}$$

und sein Volumen am Eintritt in den Kompressor
$$V = G v_2'' \, ,$$

wenn v_2'' das spezifische Volumen des Kaltdampfes in der Saugleitung bezeichnet. Nun erhalten wir das Hubvolumen mit λ als Liefergrad aus
$$V_h = V/\lambda \, .$$

Wählt man die Drehzahl n in der Minute, so ist Kolbenfläche F und Hub S des doppelwirkenden Zylinders in der Gleichung
$$V_h = 2 \cdot 60 \cdot F \cdot S \cdot n$$

enthalten. Nimmt man endlich die mittlere Kolbengeschwindigkeit $c_m = S n/30$ an oder das Verhältnis von Hub zum Durchmesser, so sind diese beiden Größen bestimmt und der Zylinder kann aufgezeichnet werden.

Das Entropiediagramm gibt die theoretische Arbeit AL der adiabatischen Kompression. Nun ist aber der Druck im Zylinder während des Ansaugens kleiner als im Verdampfer und der Enddruck der Verdichtung größer als im Kondensator; daher ist die tatsächliche Arbeit AL' — wie sie das Indikatordiagramm angibt — größer als die aus dem Entropiediagramm bestimmte. Man setzt deshalb
$$\psi = \frac{AL}{AL'} = \frac{N}{N_i}$$

und schätzt für den Entwurf
$$\psi = 0{,}85 \text{ bis } 0{,}9 \, .$$

Damit ist die indizierte Leistungsaufnahme N_i bestimmt, ebenso die Kälteleistung auf 1 PS_i/h
$$K_i = Q_0/N_i \, .$$

Wird der mechanische Wirkungsgrad zu $\eta_m = 0{,}85$ bis $0{,}9$ geschätzt, so folgt für die einzuführende Leistung
$$N_e = N_i/\eta_m \, .$$

In neuzeitlichen Ausführungen besteht das Bestreben, die Drehzahl zu erhöhen. Dadurch verbilligt sich nicht nur der Kompressor, sondern er paßt sich der Gangart der Antriebsmaschine besser an, so daß in vielen Fällen ein unmittelbarer Antrieb oder eine einfache Riemenübersetzung möglich ist, wo früher Vorgelege verwendet werden mußten. Naturgemäß richtet sich die Drehzahl nach der Größe der Maschine, d. h. nach dem Hub, da über eine gewisse Kolbengeschwindigkeit nicht hinausgegangen werden darf. Für große Volumen wird man kurzhubige Zylinder mit verhältnismäßig großer Bohrung vorziehen, um Drehzahlen von 100 bis 200 in der Minute anwenden zu können.

Die Sicherheit des Betriebes ist auch bei großen Kolbengeschwindigkeiten nicht gefährdet, wenn das trockene Verfahren bevorzugt wird, da hierbei keine Flüssigkeitsschläge zu befürchten sind. Bereits hat man mit Erfolg Kolbengeschwindigkeiten angewendet, wie sie bei Dampfmaschinen üblich sind.

Bei den bisherigen Rechnungen ist der Energiebedarf ohne Kenntnis der Zylinderabmessungen bestimmt worden, sondern aus dem Wärmewert AL der Verdichtungsarbeit, die das Entropiediagramm gibt. Da der Wert AL/ψ der indizierten Leistungsaufnahme entspricht, kann der mittlere Überdruck p_i des Indikatordiagrammes berechnet werden, ohne das Diagramm aufzeichnen zu müssen. Es ist nämlich für den doppelwirkenden Zylinder

$$N_i = \frac{(AL)\,G \cdot 427}{\psi \cdot 3600 \cdot 75} = \frac{2\,FS\,n\,p_i}{60 \cdot 75}\,.$$

Setzt man

$$G = 2 \cdot 60 \cdot \lambda\,FS\,n/v_2''$$

in diese Gleichung ein, so folgt

$$p_i = 427\,\frac{\lambda \cdot AL}{v_2'' \cdot \psi}\,.$$

Beispiel. Entwurf einer SO_2-Anlage, trockenes Ansaugen (von A. Borsig, Berlin-Tegel ausgeführt).

Verlangte Kälteleistung		$Q_0 = 200\,000$ kcal/h
Zustand im Kondensator	$p_1 = 5,46$ ata,	$t_1 = +35^0$
Zustand im Verdampfer	$p_2 = 1,04$,,	$t_2 = -10^0$
Zustand vor Regulierventil	$p_u = 5,46$,,	$t_u = +20^0$
Wärmeinhalt Ende Verdampfung		$i_2'' = 90,46$ kcal/kg
Wärmeinhalt Anfang Verdampfer		$i_1' = 6,62$,,
Theoretische Kälteleistung auf 1 kg	$Q_2 = 90,46 - 6,62$	$= 83,84$,,
Wirkl. zu theoretischer Kälteleistung (angenommen)		$\varphi = 0,86$

$$\text{Umlaufendes Gewicht} \qquad G_0 = \frac{200\,000}{0,86 \cdot 83,84} = 2780 \text{ kg/h}$$

$$\text{Dampfgehalt nach Regulierventil} \qquad x = \frac{6,62 + 3,14}{93,60} = 0,104$$

Spez. Volumen Anfang Kompression		$v_2'' = 0,33$ m³/kg
Ansaugvolumen	$V = 0,33 \cdot 2780$	$= 916$ m³/h
Liefergrad (angenommen)		$\lambda = 0,90$
Drehzahl (angenommen)		$n = 90$
Mittlere Kolbengeschwindigkeit (angenommen)	$c_m = Sn/30 = 1,5$ m/S	
Kolbenhub		$S = 0,5$ m

(2 doppelwirkende Zylinder, Zuschlag für Kolbenstange 2%)

$$\text{Kolbenfläche eines Zylinders} \qquad F = \frac{916 \cdot 1,02}{3600 \cdot 0,9 \cdot 2 \cdot 1,5} = 0,0945 \text{ m}^2$$

(Zylinderbohrung 0,35 m)

Wärmeinhalt Ende Kompression		$i = 108,1$ kcal/kg
Wärmeinhalt Anfang Kompression		$i_2'' = 90,46$,,
Arbeit auf 1 kg		$AL = 17,64$,,
Theor. zu indizierter Arbeit (angenommen)		$\psi = 0,9$

$$\text{Indizierte Leistungsaufnahme} \qquad N_i = \frac{17,64 \cdot 2780}{0,9 \cdot 632} = 86,3 \text{ PS}_i$$

Kühlfläche in Verdampfung und Kondensation (ausgeführt) $F = 200$ m²
Wärme im Kondensator abzuführen $Q_k = 200\,000 + 96,3 \cdot 632 = 261\,200$ kcal/h
Wärme im Kondensator abzuführen auf 1 m² Kühlfläche   1306   ,,
Wärme im Verdampfen abzuführen auf 1 m² Kühlfläche   1000   ,,

Beispiel. Entwurf einer CO_2-Anlage. Die Maschine ist für eine Netto-Kälteleistung von 10\,000 kcal/h bestimmt und soll in den Tropen aufgestellt werden. Deshalb vergrößern wir diese Leistung um 25% und erhalten als Brutto-Kälteleistung $Q_0 = 12\,500$ kcal/h. Die Sole soll mit -5^0 abfließen, daher ist die Temperatur im Verdampfer zu $t_2 = -10^0$ anzusetzen ($p_2 = 27$ ata). Das Kühlwasser fließt mit $+30^0$ zu, es vermag deshalb den Kälteträger auf $+35^0$ abzukühlen. Im Saugrohr nimmt der Kältestoff Wärme auf und überhitzt sich bis zum Kompressor auf $+10^0$; der Enddruck der Verdichtung muß zu $p_1 = 90$ ata gewählt werden, damit fällt Verdichtung und Abkühlung vollständig außerhalb des Sättigungsgebietes.

Aus dem Entropiediagramm ergeben sich folgende Zahlen:

Wärmeinhalt Ende Verdampfung $i_2'' = 56,6$ kcal/kg
Wärmeinhalt Anfang Verdampfung $i_1' = 24,8$,,
Theoretische Kälteleistung auf 1 kg $Q_2 = 31,8$,,
Verhältnisse der wirklichen zur theoretischen Kälte (angen.) $\varphi = 0,85$

Umlaufendes Gewicht $G_0 = \dfrac{12\,500}{0,85 \cdot 31,8} = 463$ kg/h

Spez. Volumen Anfang Kompression $v = 0,017$ m³/kg
Ansaugevolumen $V = 0,017 \cdot 463 = 7,86$ m³/h

Liefergrad des Kompressors (gewählt) $\lambda = 0,85$
Drehzahl in der Minute (angenommen) $n = 120$
Verhältnis von Hub zu Zylinderdurchmesser (angenommen) $S/D = 2$
(Zylinder einfach wirkend, Bohrung 95 mm, Hub 190 mm)
Wärmeinhalt Ende Kompression $i = 76,8$ kcal/kg
Wärmeinhalt Anfang Kompression $i' = 62,8$,,
Arbeit auf 1 kg $AL = 14,0$,,
Verhältnis theoretischer zu indizierter Arbeit $\psi = 0,8$

Leistungsaufnahme indiziert $N_i = \dfrac{14 \cdot 463}{0,8 \cdot 632} = 12,8$ PS$_i$

Leistung eingeleitet $N_e = 12,8/0,85 = 15,1$ PS$_e$

Beispiel. Entwurf eines zweistufigen NH_3-Kompressors mit Zwischendampfentnahme für $Q_0 = 250\,000$ kcal/h

$$t_1 = +40^0, \qquad p_1 = 15,85 \text{ ata}, \qquad t_u = +30^0$$
$$t_2 = -30^0, \qquad p_2 = 1,219 \text{ ,,} \qquad t' = -10^0$$

gewählt: $\varphi = 0,85, \; \psi = 0,9, \; \lambda = 0,9$

Drehzahl $n = 200$,   Kolbenhub $S = 0,42$ m

Gesamtes Druckverhältnis $p_2/p_1 = 13$
Einzelverhältnis jeder Stufe $\sqrt{13} = 3,6$
Zwischendruck $p_0 = 3,6 \cdot 1,22 = 4,4$ ata, $t_0 = 0^0$.

Aus dem Mollier-Diagramm (Abb. 48) ergibt sich:
Kälteleistung auf 1 kg $Q_2 = 291,9 - 0$ $= 291,9$ kcal/kg
Dampfgehalt nach 2. Drosselung (F) $x'' = 32,6/324,5$ $= 0,10$

Vom ND-Zylinder anzusaugen $G_0 = \dfrac{250\,000}{0,85 \cdot 291,9}$ $= 1007$ kg/h

Dampfgehalt nach 1. Drosselung $x' = 33,8/301,3$ $= 0,112$
Menge aus 1. Drosselung $G' = 0,112 \cdot 1007/0,888 = 127$ kg/h
Vom HD-Zylinder anzusaugen $G_h = 1007 + 127$ $= 1134$,,

Spez. Volumen vor ND-Zylinder (Punkt D) $= 1,07$ m³/kg
Spez. Volumen vor HD-Zylinder (Punkt H) $= 0,344$,,
Ansaugevolumen ND-Zylinder $\quad V_n = 1,07 \cdot 1007 \quad = 1078$ m³/h
Ansaugevolumen HD-Zylinder $\quad V_h = 0,344 \cdot 1134 \quad = 390$,,

Nutzbare Kolbenfläche ND-Zylinder $F_n = \dfrac{1078}{0,9 \cdot 60 \cdot 0,42 \cdot 200} = 0,237$ m²

Nutzbare Fläche HD-Zylinder $\quad F_h = 0,237 \cdot 390/1078 \quad = 0,086$,,
Zylinder doppelwirkend für beide Stufen nach Abb. 49. Kolbenstange 70 mm.
$ND \qquad\quad D_n = 456$ mm, $\quad F_n = 2 \cdot (0,1635 - 0,045) \quad = 0,237$ m²
$HD \qquad\quad D_h = 240$ mm, $\quad F_h = 2 \cdot 0,045 - 0,004 \quad = 0,086$,,
Arbeit auf 1 kg ND-Zylinder $AL_n = 347,5 - 303 \qquad = 44,5$ kcal/kg
Arbeit auf 1 kg HD-Zylinder $AL_h = 369 - 319 \qquad = 50$,,

Indizierte Leistungsaufnahme $\quad N_i = \dfrac{44,5 \cdot 1007 + 50 \cdot 1134}{0,9 \cdot 632} = 179$ PS$_i$

Kälteleistung auf 1 PS$_i$ $\qquad K_i = 250000/179 \qquad\quad = 1400$ kcal/PS/h
Leistung des Kondensators $\qquad Q_k = 1134 (369,0 - 33,8) \quad = 380000$ kcal/h

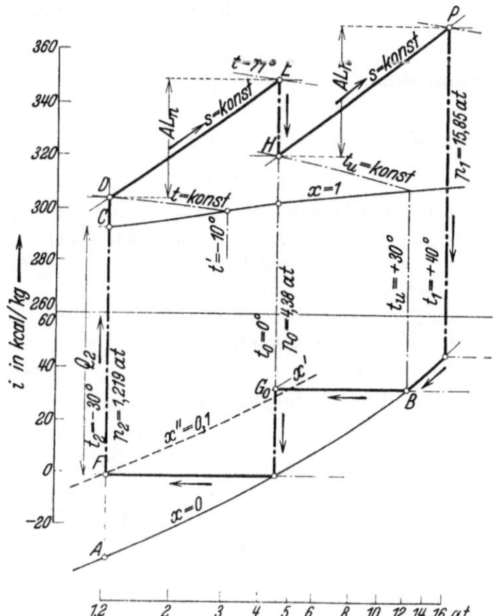

Abb. 48. Mollier-Diagramm für NH₃.

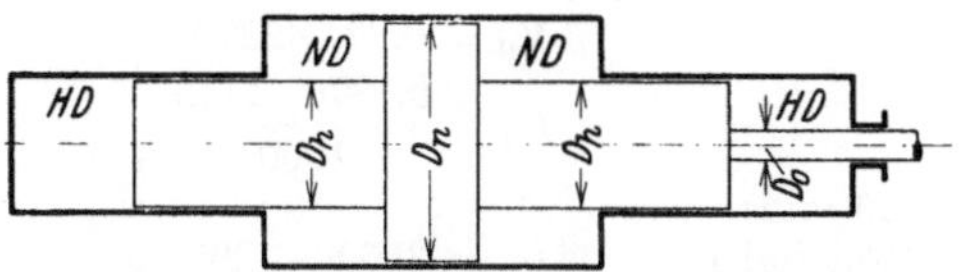

Abb. 49. Doppelwirkender Zylinder für 2 Stufen.

Beispiel. Entwurf einer NH₃-Anlage für Sommer- und Winterbetrieb. Im Winter soll der Verdampfer eine Kälteleistung von 750000 kcal/h bei — 20° erhalten, im Sommer dagegen 1240000 kcal/h, die eine Hälfte bei — 20°, die andere bei — 5^0. Die Aufgabe ist lösbar unter Annahme einer zweistufigen Verdichtung, wobei der HD-Zylinder den Winterbetrieb allein zu übernehmen hat.

a) Winterbetrieb. Einstufiger, doppelwirkender Kolbenkompressor.

Gegeben: $Q_0 = 750000$ kcal/h, $t_2 = -20^0$, $t_1 = +25^0$, $t_u = +20^0$.

Gewählt: $\varphi = 0,9$ $\psi = 0,9$ $\lambda = 0,92$,

$\qquad\qquad n = 150$ $c_m = 3,2$ m/S,   Kolbenstange $f = 0,04 \cdot F$.

Mit diesen Werten ergibt sich folgende Rechnung:

Kälteleistung auf 1 kg	$Q_2 = 295,5 - 22,4$	$= 273,1$ kcal/kg
Adiabatische Arbeit auf 1 kg	$AL = 253,0 - 295,5$	$= 57,5$,,
Umlaufendes Gewicht	$G = \dfrac{750000}{0,9 \cdot 273,1}$	$= 3050$ kg/h
Spez. Volumen Ende Verdampfung		$v_2 = 0,624$ m³/kg
Ansaugevolumen	$V_h = 0,624 \cdot 3050$	$= 1900$ m³/h
Kolbenhub	$S = 30 \cdot 3,2/150$	$= 0,64$ m
Kolbenfläche	$F = \dfrac{1900}{3600 \cdot 0,92 \cdot 3,2 \cdot 0,96}$	$= 0,1875$ m²
Zylinderbohrung		$D = 490$ mm
Indizierte Leistungsaufnahme	$N_i = \dfrac{57,5 \cdot 3050}{0,9 \cdot 632}$	$= 308$ PS$_i$

b) Sommerbetrieb, HD- und ND-Zylinder.

Hochdruckteil.

Gegeben: Temperatur im Verdampfer   ($p_0 = 3,62$ at) $t_0 = -5^0$

          Temperatur im Kondensator   ($p_1 = 13,76$ at) $t_1 = +35^0$

          Temperatur vor Regulierventil $t_u = +25^0$

          Temperatur Anfang Kompression $t' = +25^0$

          Spez. Volumen Anfang Kompression $v_2 = 0,40$ m³/kg

          Ansaugevolumen HD (vorhanden) $V_h = 1900$ m³/h

          Verlangte Kälteleistung $Q_{0h} = 620000$ kcal/h

Mit diesen Werten ergibt sich folgende Rechnung:

Umlaufende Gesamtmenge	$G = 1900/0,4$	$= 4750$ kg/h
Kälteleistung auf 1 kg	$Q_{2h} = 300,1 - 28,1$	$= 272$ kcal/kg
Im HD-Teil zu verdampfen	$(\varphi = 0,92)\ G_{0h} = \dfrac{620000}{0,92 \cdot 272}$	$= 2480$ kg/h

Niederdruckteil.

Kälteleistung auf 1 kg	$Q_{2n} = 295,5 + 5,5$	$= 301$ kcal/kg
Vom ND-Zylinder anzusaugen	$G_n = 4750 - 2480$	$= 2270$ kg/h
Gesamtkälteleistung ND-Teil	$Q_{0n} = 301 \cdot 2270 \cdot 0,92$	$= 629000$ kcal/h

(d. h. Überschuß 9000 kcal/h oder 1,5%)

Spez. Volumen Anfang Kompression		$v = 0,624$ m³/kg
Ansaugevolumen	$V_n = 0,624 \cdot 2270$	$= 1415$ m³/h
Kolbenfläche	$F_n = \dfrac{0,1875 \cdot 1415}{1900}$	$= 0,140$ m²

(Zylinder-Bohrung 425 mm)

Arbeit auf 1 kg ND-Zylinder	$AL_n = 315,5 - 295 \cdot 5$	$= 20$ kcal/kg
Arbeit auf 1 kg HD-Zylinder	$AL_h = 367,5 - 315,5$	$= 52$,,
Leistungsaufnahme indiziert	$N_i = \dfrac{20 \cdot 2270 + 52 \cdot 4750}{0,9 \cdot 632}$	$= 515$ PS$_i$

27. Messung des umlaufenden Kältestoffes.

Eine wertvolle Kontrolle der Wärmemessungen gibt die Bestimmung der umlaufenden Menge des Kälteträgers durch den unmittelbaren Versuch. Hierzu eignet sich am besten die Erzeugung eines Druckunterschiedes in der Flüssigkeitsleitung durch eine Blende mit scharfen Kanten oder durch eine Düse mit guter Abrundung. Man mißt diesen Druckunterschied mit einem Differentialmanometer; für genaue Beobachtungen dient hierzu das U-förmig gekrümmte Rohr mit Quecksilberinhalt.

Der Durchmesser der Verengung muß derart berechnet werden, daß der Druck nach der Düse immer noch über dem Sättigungsdruck steht, der zur Temperatur des Kälteträgers vor dem Regulierventil gehört. In diesem Fall ist man sicher, daß in der Düse keine Verdampfung eintritt; man darf nun das spezifische Gewicht des flüssigen Kälteträgers in die Rechnung setzen und die Durchflußziffer benützen, die durch Eichung der Düse mit Wasser gefunden worden ist.

Beim Einbau des Quecksilbermanometers ist Vorsicht nötig; beide absperrbare Schenkel sind an den höchsten Stellen mit Entlüftung zu versehen. Eine zweckmäßige Anordnung zeigt Abb. 50. Jede Zuleitung erhält einen Dampfabscheider; stellt man die Hähne so, daß das Manometer außer Betrieb gesetzt ist, so sind die Abscheider durch das Entlüftungsgefäß miteinander verbunden, um einen Druckausgleich herzustellen. Das Manometer ist durch einfallende Wärme zu schützen, da sonst der Druck

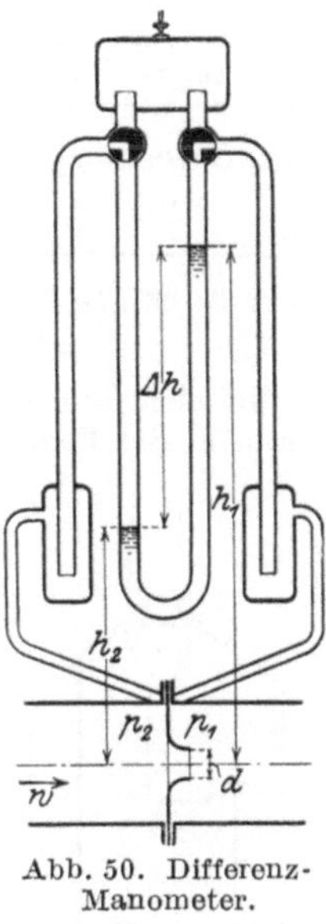

Abb. 50. Differenz-Manometer.

in den abgesperrten Schenkeln steigen würde und das Rohr zerstören könnte.

Mit dem spezifischen Gewicht γ_2 des Quecksilbers und der Flüssigkeit γ_1 kann für Gleichgewicht geschrieben werden

$$p_2 - h_2\,\gamma_1 = p_1 - (h_1\,\gamma_1 - \varDelta h\,\gamma_2)$$

oder

$$\varDelta p = p_2 - p_1 = \varDelta h\,\gamma_2 - (h_1 - h_2)\,\gamma_1 = \varDelta h\,(\gamma_2 - \gamma_1)\,.$$

Da der Druckunterschied die Geschwindigkeit in der Düse hervorbringt, gilt

$$\frac{w^2}{2\,g} = \frac{\varDelta p}{\gamma_1}\,,$$

woraus

$$w = \sqrt{2\,g\,\frac{\varDelta p}{\gamma_1}} = \sqrt{2\,g\,\frac{\gamma_2 - \gamma_1}{\gamma_1}\,\varDelta h}\,.$$

Mit dem Querschnitt f und der Durchflußziffer μ folgt als stündliche Durchflußmenge

$$G = 3600\,f\,w\,\gamma_1 = 3600\,\mu\,f\,\sqrt{2\,g\gamma_1\,(\gamma_2 - \gamma_1)\varDelta\,h}\,.$$

Setzt man zur bequemen Handhabung f in cm², $\varDelta\,h$ in mm $Q \cdot S$ und γ in Liter/kg ein, so schreibt sich die Formel

$$G = 36\,\mu\,f\,\sqrt{2\,g}\;\sqrt{\frac{\gamma_1 \cdot (\gamma_2 - \gamma_1)}{10}}\;\sqrt{\varDelta\,h}\,.$$

Den Faktor mit den spezifischen Gewichten kann man aus Tabelle 14 ablesen.

Tabelle 14.

Temperatur ⁰C		0	10	20	30	40
Spez. Gewicht γ_2 . . QS		13,596	13,571	13,546	13,522	13,497
,, ,, γ_1 . . NH_3		0,639	0,625	0,610	0,595	0,579
,, ,, γ_1 . . H_2O		0,9999	0,9997	0,9982	0,9957	0,9922
$\sqrt{\gamma_1(\gamma_2-\gamma_1)/10}$ . . NH_3		0,910	0,899	0,888	0,877	0,865
,, . . H_2O		1,1224	1,121	1,119	1,116	1,114

Beispiel. Eine gut abgerundete Mündung von 9,545 mm Dmtr. ($f = 0,7155$ cm²) wurde in die Flüssigkeitsleitung eingebaut und mit Wasser geeicht. Die Durchflußziffer hat sich zu $\mu = 0,9637$ ergeben. Im Betrieb mit Ammoniak betrug die Manometerablesung $\varDelta\,h = 390$ mm bei $t = 14^0$ C, somit ist

$$\sqrt{\frac{\gamma_1(\gamma_2 - \gamma_1)}{10}} = 0,895$$

und

$$G = 36 \cdot 0,9637 \cdot 0,7155 \cdot 4,43 \cdot 0,895 \cdot \sqrt{\varDelta\,h}$$
$$= 98,64\,\sqrt{390} = 1945 \text{ kg/h.}$$

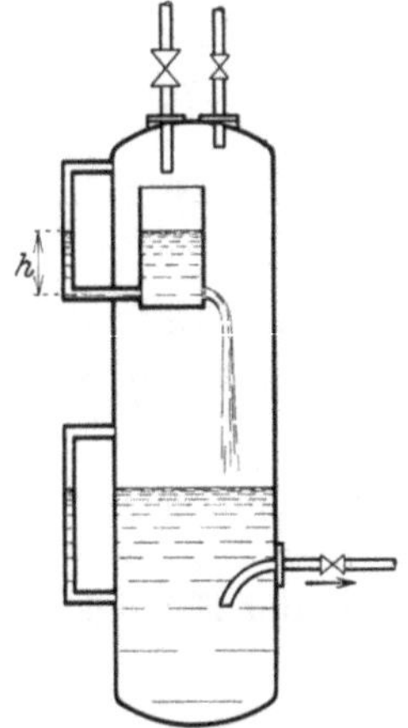

Abb. 51. Kontroller nach Gläßel.

Beispiel. Zur Kühlwassermessung wurde eine Blende mit scharfen Kanten in die Zuleitung zum Kondensator eingesetzt (80 mm Dmtr. $f = 50,27$ cm²), deren Eichung $\mu = 0,655$ ergeben hatte. Mit der Temperatur des Wassers von $13,4^0$ C folgt für

$$\sqrt{\frac{\gamma_1 \cdot (\gamma_2 - \gamma_1)}{10}} = 1,12.$$

Im Betrieb zeigte das Quecksilbermanometer einen Höhenunterschied von $\varDelta\,h = 314$ mm, daher ist die Durchflußmenge

$$W = 36 \cdot 0,655 \cdot 50,27 \cdot 4,43 \cdot 1,12\,\sqrt{314} = 104400 \text{ l/h.}$$

Der Leistungskontroller von Gläßel (Stuttgart) benützt ein Ausflußgefäß mit Poncelet-Mündung zur Messung der umlaufenden Flüssigkeitsmenge. Dieses Gefäß ist in einem Kessel eingeschlossen (Abb. 51), in den die Flüssigkeit aus dem höher stehenden Kondensator zufließt. Im Meßgefäß stellt sich eine Stauhöhe h ein, die außen am Standglas abgelesen wird, und die der abfließenden Menge entspricht, sofern der Stand des unteren Schauglases unverändert bleibt. Das Regulierventil muß derart eingestellt werden, daß der untere Spiegel der fortlaufenden Flüssigkeit weder steigt noch fällt. Damit der Kessel stets unter dem vollen Kondensatordruck steht, ist ein Ausgleichsrohr mit dem obersten Teil des Zuflußrohres zum Kondensator verbunden[1].

28. Messung der Abweichungen vom theoretischen Prozeß.

Um eine im Betrieb befindliche Kälteanlage auf ihre Leistungsfähigkeit zu untersuchen, muß vor allem die stündliche Kälteleistung gemessen werden, nachdem mit Sicherheit festgestellt worden ist, daß die Anlage im Beharrungszustand arbeitet.

Wenn der Verdampfer den sekundären Kälteträger (Sole) abzukühlen hat, so ist die von der Sole aufgenommene Netto-Kälteleistung sehr einfach dadurch zu bestimmen, daß die stündliche umlaufende Solemenge und die Temperatursenkung gemessen werden. Für Laboratoriumsversuche empfiehlt es sich, den Verdampfer auf elektrischem Wege zu heizen und den Stromverbrauch zu messen.

Um die Bruttoleistung zu erhalten, muß die Wärme bestimmt werden, die aus der Umgebung in den Verdampfer einfällt. Zu diesem Zweck ist die allmähliche Temperaturzunahme an mehreren Punkten des Verdampfers zu bestimmen, nachdem der Kompressor abgestellt worden ist.

Die Menge der im Verdampfer abgekühlten Sole mißt man am einfachsten durch den Ausflußversuch aus einer geeichten Mündung, die im Boden eines Gefäßes eingesetzt ist (Danaide).

Sehr zu empfehlen ist die unmittelbare Messung des im Prozeß arbeitenden Kältemittels nach einer der in Abschnitt 27 erwähnten Methoden. Ist dies nicht möglich, so muß das umlaufende Gewicht aus Ansaugevolumen und spezifischem Volumen bestimmt werden. Man hat demnach zunächst den Liefergrad λ des Kompressors aus dem Indikatordiagramm zu entnehmen, oder man berechnet ihn aus der im Abschnitt 25 angegebenen Gleichung.

Bei Kolbenkompressoren wird die Leistungsaufnahme meistens auf die indizierte Arbeit bezogen; bei Turbokompressoren muß die Leistungsaufnahme auf die Kupplung bezogen werden. Sie wird am einfachsten mit dem Torsionsdynamometer gemessen, das zwischen Elektromotor und Kompressor einzuschalten ist.

Beispiel. An einer Ammoniak-Kälteanlage wurde eine Solemenge von 22 928 kg/h durch den Verdampfer geschickt, wobei sich ein konstanter Temperaturunterschied zwischen Zulauf und Ablauf von $-1{,}93$ auf -5^0 ergeben hat. Die spezifische Wärme der Sole betrug $c = 0{,}854$, demnach beträgt die Netto-Kälteleistung

$$Q_n = 22\,928 \cdot 0{,}854\,(5{,}0 - 1{,}93) = 60\,237 \text{ kcal/h}.$$

---

[1] Siehe auch Weisker: „Allgemeine Ermittlung der Kälteleistung durch Messung der umlaufenden Menge des Kälteträgers". Z. ges. Kälteind. 1922.

Die Wärmeeinstrahlung wurde zu 730 kcal/h bestimmt (1,2%), damit stellt sich die Brutto-Kälteleistung auf

$$Q_0 = 60237 + 730 = 60967 \text{ kcal/h}.$$

Die Leistungsaufnahme wurde durch Indizieren des doppelwirkenden Kompressors ermittelt ($D = 260$ mm, $S = 400$ mm, Kolbenstange 50/70 mm), und zwar ergab sich

Deckelseite: nutzbare Fläche 0,0512 m², mittlerer Druck $p_i = 3{,}9$ at
Kurbelseite: nutzbare Fläche 0,0493 m², mittlerer Druck $p_i = 3{,}914$ at
Drehzahl des Kompressors $\hspace{4cm} n = 45{,}5$

$$\text{Indizierte Leistung} \quad N_i = \frac{0{,}4 \cdot 45{,}5 \,(0{,}0512 \cdot 39000 + 0{,}0493 \cdot 39140)}{60 \cdot 75} = 16{,}0 \text{ PS}$$

$$\text{Tatsächliche Leistungsziffer} \quad \varepsilon' = \frac{60967}{632 \cdot 16} = 6{,}02$$

Wärme der indizierten Leistung $\quad Q_i = 632 \cdot 16 \hspace{2cm} = 10110$ kcal/h
Wärme im Kondensator abzuführen $\quad Q_k = 60967 + 10110 = 71077$ „
Beobachtete Temperaturen:
    im Verdampfer $\hspace{6cm} t_2 = -9{,}13^0$
    im Kondensator $\hspace{5.7cm} t_1 = +21{,}0^0$
    vor Regulierventil $\hspace{5.3cm} t_u = +17{,}65^0$

Aus der Entropietafel folgt
    Wärmeinhalt Ende Verdampfung $\hspace{3cm} = 299{,}2$ kcal/kg
    Wärmeinhalt Anfang Verdampfung $\hspace{2.8cm} = 19{,}6$ „
    theoretische Kälteleistung auf 1 kg $\quad Q_2 = 279{,}6$ „
Dampfgehalt nach Regulierventil $\hspace{4cm} x = 0{,}107$
Spez. Volumen Anfang Kompression $\hspace{3cm} v = 0{,}425$
Liefergrad (aus Indikatordiagramm) $\hspace{3cm} \lambda = 0{,}97$
Ansaugevolumen $\quad V = 0{,}97 \cdot 60 \cdot 45{,}5 \cdot 0{,}4 \,(0{,}0512 + 0{,}0493) = 106{,}1$ m³/h
Umlaufende Menge $\hspace{3.5cm} G = 106{,}1/0{,}425 = 250$ kg/h
Theoretische Kälteleistung $\hspace{2.6cm} Q_0 = 250 \cdot 279{,}6 = 70000$ kcal/h

$$\text{Verhältnis der gemessenen zur theoretischen Kälte } \varphi = \frac{60967}{70000} = 0{,}87$$

Wärmeinhalt Ende Kompression $\hspace{4cm} i = 336{,}0$ kcal/kg
Wärmeinhalt Anfang Kompression $\hspace{3.7cm} i_2'' = 299{,}2$ „
Arbeit auf 1 kg $\hspace{6cm} AL = 36{,}8$ „
Leistungsaufnahme (adiabatisch) $\hspace{2cm} N = 250 \cdot 36{,}8/632 = 14{,}6$ PS
Verhältnis der adiabatischen zur indizierten Leistung
$$\psi = 14{,}6/16 = 0{,}913$$
Leistungsziffer des Carnot-Prozesses $\quad \varepsilon_0 = 263{,}87/30{,}13 = 8{,}76$
Wirkungsgrad bez. a. indizierte Leistung $\quad \eta_c = 6{,}02/8{,}76 = 0{,}686$
Kühlfläche für Verdampfer und Kondensation (ausgeführt) $F = 66{,}5$ m²
Mittlere Soletemperatur (Zulauf $-1{,}93^0$, ab $-5{,}0^0$) $\quad \vartheta = -3{,}47^0$
Temperaturunterschied gegen Innen $t_2 - \vartheta = 9{,}13 - 3{,}47 = 5{,}66^0$

$$\text{Durchgangszahl für den Verdampfer} \quad k = \frac{60967}{5{,}66 \cdot 66{,}5} = 162$$

Kühlwasser (Zulauf $+12{,}68^0$, Ablauf 19,89^0), mittlere Temperatur
$$\vartheta = 16{,}29^0$$
Temperaturunterschied gegen Innen $t_1 - \vartheta = 21{,}0 - 16{,}29 = 4{,}71^0$

$$\text{Durchgangszahl für den Kondensator} \quad k = \frac{71077}{4{,}71 \cdot 66{,}5} = 227$$

29. Umrechnung der Versuchswerte auf Normalverhältnisse.

Um Versuchsergebnisse an verschiedenen Anlagen miteinander vergleichen zu können, müssen die Hauptwerte auf die gleichen Temperaturgrenzen umgerechnet werden. Diese Umrechnung ist auch bezüglich der Drehzahl nötig, da die gemessene Umlaufzahl meistens nicht genau mit der vorgesehenen übereinstimmt.

Beispiel. Es sollen die Versuchswerte des vorigen Beispiels umgerechnet werden auf eine Drehzahl von $n_0 = 50$ U/Min. und auf folgende Temperaturen:

Kondensator $\qquad t_{10} = + 25^0$

Verdampfer $\qquad t_{20} = - 10^0$

vor Regulierventil $\qquad t_{u\,0} = + 15^0$

Mit Hilfe der Entropietafel ergibt sich

Theoretische Kälteleistung auf 1 kg $\qquad Q_{20} = 298{,}7 - 16{,}7 = 282$ kcal/kg

Adiabatische Arbeit auf 1 kg $\qquad (AL)_0 = 340{,}0 - 298{,}7 = 41{,}3$ „

Ansaugevolumen ($\lambda = 0{,}97$, $n_0 = 50$) $\qquad V = \dfrac{50 \cdot 106{,}1}{45{,}5} = 116{,}6$ m³/h

Spez. Volumen Ende Verdampfung $\qquad v_2'' = 0{,}4184$ m³/kg

Umlaufendes Gewicht $\qquad G = 116{,}6/0{,}4184 = 279$ kg/h

Stündliche Kälteleistung ($\varphi = 0{,}87$) $\qquad Q_0' = 0{,}87 \cdot 282 \cdot 279 = 68\,400$ kcal/h

Indizierte Leistungsaufnahme ($\psi = 0{,}91$) $\qquad N_{i_0} = \dfrac{41{,}3 \cdot 279}{0{,}91 \cdot 632} = 20$ PS

Kälteleistung auf 1 PSih $\qquad K_0 = 68\,400/20 = 3420$ kcal

30. Auswertung der Versuchsergebnisse einer Eiserzeugungsanlage.

Die Entropietafel dient nicht nur zur raschen Berechnung eines Entwurfes, sondern ist auch ein vorzügliches Mittel zur übersichtlichen Darstellung der Versuchsergebnisse einer im Betrieb befindlichen Anlage. Diese Tatsache soll an Hand eines Abnahmeversuches gezeigt werden, der unter der Kontrolle des Verfassers an einer Eiserzeugungsanlage stattgefunden hat.

Die von Gebrüder Sulzer A.G., Winterthur (Schweiz) erstellte Anlage besitzt einen doppelwirkenden Kompressor mit Mantelkühlung. Der Antrieb erfolgt durch eine Gleichstromdampfmaschine. Die Luftpumpe für die Einspritzkondensation des Wasserdampfes befindet sich unterhalb der Kurbel der Dampfmaschine und erhält den Antrieb von ihr durch Schwinghebel.

Das Kühlwasser strömt zuerst durch den Tauchkondensator der Kälteanlage, von da fließt der größere Teil in den Einspritzkondensator der Dampfmaschine, der Rest hat den Ölabscheider zu kühlen, der in die Ammoniakdruckleitung eingeschaltet ist.

Die Anlage ist für folgende Hauptwerte entworfen:

Eiserzeugung in der Stunde	4000 kg/h
Dampfverbrauch (12 at 300⁰ vor Maschine)	968 ,,
Temperatur des Gefrier- und Kühlwassers am Eintritt	$+ 15^0$
Temperatur des Kühlwassers am Einspritzkondensator	$+ 15^0$
Kühlwasserverbrauch	85 m³/h

Der Hauptversuch dauerte 30 Stunden ohne Unterbruch und wurde begonnen, nachdem die Anlage bereits mehr als einen Tag im Betrieb gestanden hatte. Innerhalb der ganzen Versuchszeit ergab sich ein Abschnitt von 12 Stunden mit ganz unveränderlicher Soletemperatur und unveränderlicher Umlaufmenge des Kältemittels, deshalb ist vorerst diese Zeit des vollständigen Beharrungszustandes zur Auswertung benützt worden. Nur die Berücksichtigung der Vorgänge im Eisgenerator müssen sich auf die gesamte Versuchszeit beziehen.

Der Versuch ist bemerkenswert wegen der unmittelbaren Messung der umlaufenden Ammoniakmenge mittels einer Düse vor dem Regulierventil (s. Abschnitt 27). Diese Drosselstelle wurde als gut abgerundete Mündung (VDI-Normen) ausgeführt. Die gleiche Methode ist für die Bestimmung der Kühlwassermengen für den Ammoniakkondensator und für den Wasserdampfkondensator benützt worden, ebenso für die Mengen zur Kühlung des Kompressormantels und des Ölkühlers. Aus der engeren Versuchszeit von 12 Stunden sind die Mittelwerte der Ablesungen genommen worden unter Berücksichtigung der Eichung aller Instrumente.

a) Kompressor. Zylinderbohrung $D = 380$ mm, Hub $S = 500$ mm

Kolbenstange Kurbelseite	$d = 90$,,	
Mittlere Drehzahl in der Minute	$n = 166$	
Indikatordiagramme: Kurbelseite, mittlerer Druck		3,93 at
Kurbelseite, nutzbare Fläche		1070 cm²
Deckelseite, mittlerer Druck		3,91 at
Deckelseite, nutzbare Fläche		1134 cm²

Indizierte Leistungsaufnahme

$$N_i = \frac{0{,}5 \cdot 166\,(3{,}93 \cdot 1070 + 3{,}91 \cdot 1134)}{75 \cdot 60} = 159{,}4 \ \mathrm{PS_i}$$

Druck im Kondensator ($t_1 = + 21{,}5^0$)	$p_1 = 9{,}3$ at abs.	
Druck im Verdampfer ($t_2 = - 14{,}4^0$)	$p_2 = 2{,}45$,,	
Temperatur im Druckstutzen	$t_i = + 90{,}2^0$	
Temperatur im Saugstutzen (vor Kompressor)	$t' = - 11{,}7^0$	
Temperatur vor Regulierventil	$t_u = + 18^0$	
Umlaufende Menge (s. Düsenmessung Abschnitt 27)	$G = 1945$ kg/h	
Kälteleistung auf 1 kg (nach Entropiediagr.)	$Q_2 = 297{,}3 - 20{,}2$	$= 277{,}1$ kcal/kg
Gesamte Kälteleistung	$Q_0 = 1945 \cdot 277{,}1$	$= 539\,000$ kcal/h
Wärmeinhalt Ende Adiabate (Punkt F)	$i_f = 345{,}0$ kcal/kg	
Wärmeinhalt Anfang Adiabate (Punkt D)	$i_d = 299$,,	
Arbeit auf 1 kg, adiabatisch	$AL = i_f - i_d$	$= 46{,}0$,,
Leistungsaufnahme, adiabatisch	$N = 46 \cdot 1945/632$	$= 141{,}5$ PS
Verhältnis	$\psi = N/N_i$	$= 0{,}887$
Hubvolumen	$V_h = 60 \cdot 0{,}5 \cdot 166\,(0{,}1134 + 0{,}107)$	$= 1096$ m³/h
Spez. Volumen Anfang Kompression	$v_d = 0{,}5$ m³/kg	
Ansaugevolumen	$V = 0{,}5 \cdot 1945$	$= 972{,}5$ m³/h
Liefergrad	$\lambda = 972{,}5/1096$	$= 0{,}886$

Der gefundene Wert ψ zeigt an, daß die adiabatische Leistungsaufnahme um 11,3% kleiner ist als die indizierte. Dieser Unterschied vermindert sich wesentlich, wenn man die adiabatische Arbeit bis zum Druck $p = 10,5$ at abs. bestimmt, d. h. wenn man den Druck p in das Entropiediagramm einträgt, der im Zylinder während der Ausstoßperiode herrscht und aus dem Indikatordiagramm abgelesen werden kann (Endpunkt P, Abb. 52). Die Drosselung bis zum Druck p_1 im Kondensator ist durch die Linie P—H dargestellt und die Abkühlung bis zur gemessenen Temperatur im Druckstutzen durch die Strecke H—J. Man erhält

Arbeit auf 1 kg　　　　$AL' = i_p - i_d = 350 - 299 = 51$ kcal/kg

Leistungsaufnahme,
　　adiabatisch　　　　$N' = 51 \cdot 1945/632 = 157$ PS

Verhältnis　　　　　　$\psi = 157/159,4 = 0,985$

Die wirkliche Kompression weicht demnach nur wenig von der Adiabaten ab. Damit ist ersichtlich, daß die Mantelkühlung nicht mehr als die Reibungswärme abführt.

b) Kondensator. Die Bestimmung der Kondensatorleistung kann entweder mit dem Entropiediagramm oder durch unmittelbare Wärmemessung durchgeführt werden, wodurch

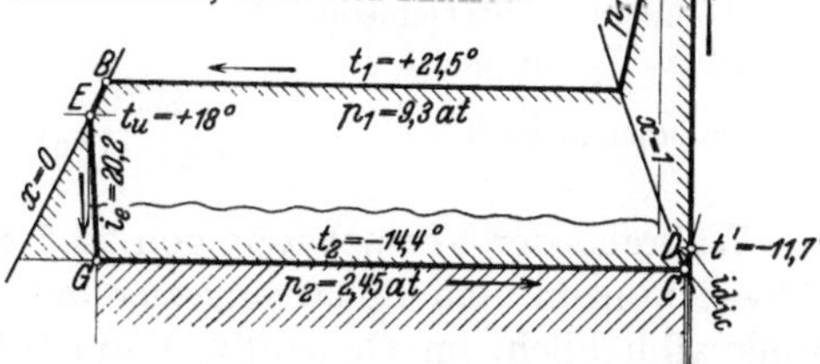

Abb. 52. *TS*-Diagramm aus Abnahmeversuch.

eine Kontrolle erhalten wird. Berechnung der Wärmeableitung aus dem Entropiediagramm:

im Kondensator abgeführt (Fläche unter J—B—E)

$$1945\,(334,0 - 20,2) = 610\,340 \text{ kcal/h}$$

zwischen Kompressor und Kondensator
　　(Fläche unter K—J)

$$1945\,(349 - 334) = 29\,170 \text{ „}$$

insgesamt　　639510 kcal/h

Berechnung der Wärme durch Messung:
　　Wasserverbrauch im Kondensator　　　　　$W = 104\,000$ kg/h
　　Temperaturzunahme des Kühlwassers　　　　$\Delta t = 18,8 - 13,4 = 5,4^0$

$$W \Delta t = 561\,609 \text{ kcal/h}$$

Wärmebilanz

eingeführt:		abgeleitet:	
im Kompressor $632 \cdot 159,4 =$	101000 kcal/h	im Kühlwasser	561600 kcal/h
Kälteleistung	539000 „	im Ölabscheider	24000 „
	640000 kcal/h	Zylinderkühlung	3000 „
		Aus Leitungen	51400 „
			640000 kcal/h

c) Eisgenerator. Die Anlage besteht aus zwei Generatoren mit je 96 Zellenreihen zu 16 Zellen. Der Inhalt jeder Zellenreihe wurde beim Abtauen gewogen; zum Gefrieren einer Zelle wurde eine Zeit von

25,5 Stunden benötigt. In dieser Zeit erzeugte der Generator I eine Eismenge von 62 130 kg, der Generator II die Menge 62 645 kg, im ganzen also 124 775 kg oder in der Stunde 4893 kg/h.

Die mittlere Temperatur der Eisblöcke betrug — 4,56° (spez. Wärme 0,5). Das zufließende Süßwasser zeigte + 9,35°. Der Wärmeentzug beträgt somit für jedes Kilogramm 9,35 + 80 + 0,5 · 4,56 = 91,63 kcal. Die gesamte Eismasse benötigt daher die Kälte 91,63 · 4893 = 448 000 kcal/h, und zwar 223 000 kcal/h für Generator I und 225 000 kcal/h für Generator II.

Man kann mit diesen Wärmen die Menge der umlaufenden Sole berechnen, wenn die Soletemperaturen an der ersten und an der letzten Zellenreihe abgelesen werden. Als Mittelwerte wurden gefunden:

	Generator I	Generator II
Temperatur der inneren Zellenreihe	— 6,40	— 6,80°
Temperatur der letzten Zellenreihe	— 7,01	— 7,44°
Temperaturunterschiede	0,61	0,64°
Spez. Wärme der Sole	— 0,735	0,735
Solemenge kg/h	$\dfrac{223\,000}{0,61 \cdot 0,735} = 498\,000$	478 000

Während der Versuchszeit von 25,5 Stunden zeigten sich zwei kleine Abweichungen vom Beharrungszustand. Die Temperatur des Solebades sank allmählich, im Generator I um 0,55°, im Generator II um 0,42°. Der damit verbundene Fehlbetrag an Wärme bestimmt sich mit dem Wasserwert der beiden Generatoren von 211 250 kcal/1° zu

$$\frac{211\,250\,(9,55 + 0,42)}{25,5} = 8000 \text{ kcal/h} \,.$$

Eine zweite Abweichung vom Beharrungszustand bestand darin, daß die Eiszellen im ersten Teil der Versuchszeit nicht ganz genau angefüllt wurden. Man kann diese Tatsache erkennen und ihr Rechnung tragen, indem man die Kälteinhalte der Eiszellen am Anfang und am Ende des Versuches bestimmt, ihr Unterschied ist als Zuschlag zur Kälteleistung zu buchen. Hierbei darf der Zustand des zufließenden Süßwassers als Nullpunkt angesehen werden. Der gemessene Abtauverlust von 25 kg auf je 16 Zellen ist zum Eisgewicht zu addieren, um die Verteilung der Zellenfüllungen am Anfang der Messungen zu erhalten. Zu diesem Zeitpunkt war Reihe 96 eben eingetaucht worden (Kälteinhalt Null), während Reihe 1 zum Ziehen bereit war (Kälteinhalt 91,63 kcal/kg). Für die übrigen Zellenreihen verteilt sich der Kälteinhalt nach einer parabelförmigen Kurve, da der Wärmedurchgang mit zunehmender Dicke der Eisschicht langsamer erfolgt. Unter Berücksichtigung dieses Verlaufes wurde zur Bestimmung des Kälteinhaltes am Ende des Versuches angenommen, die mittlere Füllung aller Zellen falle zusammen mit der mittleren Füllung der letzten 36 Zellenreihen; man erhält damit als

Unterschied der Kälteinhalte zwischen Anfang und Ende des Versuches im ganzen 313100 kcal oder in der Stunde 12300 kcal/h.

Unter Berücksichtigung dieser Abweichungen vom Beharrungszustand folgt für die Netto-Kälteleistung

$$Q'_0 = 448000 + 8000 + 12300 = 468300 \text{ kcal/h},$$

womit sich die Eiserzeugung zu $468300/91{,}63 = 5110$ kg/h ergeben hätte, wenn der Beharrungszustand während der ganzen Versuchszeit angedauert hätte. Die unter a) berechnete Brutto-Kälteleistung war aus dem Ausschnitt von 12 Stunden berechnet. Die Umlaufmenge hat aber während der ganzen Versuchsdauer der Eiserzeugung durchschnittlich $G = 1870$ kg/h betragen, so daß sich die hier maßgebende Brutto-Kälteleistung zu

$$Q_0 = 1870 \cdot 277{,}1 = 518000 \text{ kcal/h}$$

ergibt. Damit folgt für das Verhältnis beider Leistungen

$$\varphi = 468000/518000 = 0{,}905.$$

Der in dieser Zahl enthaltene Gesamtverlust von 9,5% kann in einige Teile zerlegt werden.

Durch das Abtauen ist ein Eisverlust von 25 kg auf jede Zellenreihe entstanden, was durch Abwägen vor und nach dem Abtauen bestimmt wurde. Dadurch entsteht der Wärmeverlust für beide Generatoren von

$$\frac{2 \cdot 25 \cdot 96 \cdot 91{,}63}{25{,}5} = 17250 \text{ kcal/h}.$$

Um den ganzen Abtauverlust zu erhalten, ist die zur Abkühlung der Zellenwände nötige Wärme von 5450 kcal/h zu addieren; man erhält damit einen Verlust von $17250 + 5450 = 22700$ kcal/h.

Endlich ist noch das Rühr- und Schüttelwerk zu berücksichtigen, das 8,3 PS zum Betrieb benötigte und die Wärme $632 \cdot 8{,}3 = 5250$ kcal/h entwickelt hat.

Demgemäß ergibt sich für die Verluste folgendes Bild:

Eisbildung (Beharrungszustand) .	468300 kcal/h oder		90,5%
Auftauverlust	22700	,, ,,	4,3%
Rühr-Schüttelwerk	5250	,, ,,	1,0%
Restbetrag (nicht gemessen) . .	21750	,, ,,	4,2%
Brutto-Kälteleistung	518000 kcal/h		100,0%

Die zur Ergänzung der Bilanz eingesetzte nicht gemessene Wärme beträgt demnach nur 4,2% der Brutto-Kälteleistung.

d) Gleichstrom-Dampfmaschine. Zylinderbohrung 500 mm, Hub 600 mm.

Indizierte Leistung (gemessen)	$N_i = 197{,}2$ PS$_i$
Mechanischer Wirkungsgrad der Gruppe	$= 159{,}4/197{,}2 = 0{,}808$
Dampfverbrauch auf 1 PS/h	$d_i = 4{,}58$ kg
Dampfzustand vor Maschine	13 at abs., 300°
Dampfdruck im Auspuff	0,06 at abs.
Adiabatische Wärmegefälle (aus Dampfentropietafel)	212 kcal/kg
Theoretischer Dampfverbrauch	$632/212 = 2{,}98$ kg
Thermodynamischer Wirkungsgrad	$\eta_{th} = 2{,}98/4{,}58 = 0{,}65$

Der gemessene Dampfverbrauch verlangt eine mehrfache Umrechnung, wenn er mit den vertraglich festgesetzten Zahlen verglichen werden soll.

Die Eiserzeugung ist mit Süßwasser von $9,35^0$ vor sich gegangen, mit der vertraglich angenommenen Temperatur von 15^0 vermindert sich die Eiserzeugung auf

$$\frac{9,35 + 80 + 0,5 \cdot 4,56}{15 + 80 + 0,5 \cdot 4,56} \cdot 5110 = 4810 \text{ kg/h}.$$

Die zweite Umrechnung bezieht sich auf das Kühlwasser. Der Kondensator der Kältelage hat $104,4$ m³/h gebraucht und dieses Wasser von $13,4$ auf $18,8^0$ erwärmt, wobei sich das Ammoniak bei $21,5^0$ verflüssigte. Diese letztere Temperatur würde sich mit Wasser von 15^0 auf $21,5 + (15 - 13,4) = 23,1^0$ erhöhen. Eine weitere Steigerung ergibt sich zufolge des größeren Kühlwasserverbrauches ($104,4$ statt 85 m³/h), die Temperatur im Kondensator steigt bei Verwendung der kleineren Wassermenge auf

$$23,1 + \frac{(18,8 - 13,4)\,(104,4 - 85)}{85} = 24,33^0.$$

Damit wächst die adiabatische Kompressionsarbeit von 46 auf 49 kcal/kg und die indizierte Leistung des Kompressors steigt auf

$$N_i = 159,4 \cdot 49/46 - 170 \text{ PS}_i.$$

Bei der vertraglich vorgesehenen Eiserzeugung von 4000 kg/h vermindert sich die Leistungsaufnahme des Kompressor auf $170 \cdot 4000/4810 = 141,5$ PS$_i$ und die Leistung der Dampfmaschine kommt auf $141,5/0,808 = 175$ PS$_i$. Dieser verkleinerten Leistung entspricht aber auch ein etwas kleinerer thermodynamischer Wirkungsgrad, und zwar sinkt er von $0,65$ auf $0,644$ und der spezifische Dampfverbrauch auf

$$\frac{632}{0,644 \cdot 211} = 4,62 \text{ kg/PS/h}.$$

Der gesamte Dampfverbrauch bei der Eiserzeugung von 4000 kg/h beträgt nun mit den vertraglich vereinbarten Bedingungen $4,62 \cdot 175 = 810$ kg/h, d. h. er ist um $16,3\%$ niedriger als gewährleistet.

31. Aufzeichnung des Druck-Volumendiagramms.

Für die Berechnung des Kurbeltriebes und des Schwungrades wird das pv-Diagramm verlangt. Zu seiner Aufzeichnung kann die geradlinige Adiabate des Entropiediagramms benutzt werden. Das Verfahren ist weitaus genauer als die bekannte Konstruktion nach Brauer, bei der sich eine kleine anfängliche Ungenauigkeit mit dem Fortschreiten der Punktbestimmung stets vergrößert.

Man legt auf die Entropietafel durchsichtiges Papier und trägt darauf die Schnittpunkte einer Anzahl p-Linien mit der Adiabate ein. Am besten wählt man dazu die in der Tafel schon gezeichneten p-Linien, die den Sättigungstemperaturen von 5 zu 5 Grad entsprechen. Die

Ordinaten dieser Schnittpunkte sind die zu den Drücken gehörigen Temperaturen, ihre absoluten Werte führen mit der Zustandsgleichung zu den spezifischen Volumen. Damit sind die Abszissen v zu den gewählten Ordinaten p bestimmt, beide lassen sich für das neue Diagramm in einem beliebigen Maßstab aufzeichnen.

Fällt der Schnittpunkt einer p-Linie und einer v-Linie des Entropiediagramms zufällig auf die Adiabate, so sind diese beiden Werte unmittelbar zu benutzen ohne die Zustandsgleichung verwenden zu müssen. Da aber die Schnitte der beiden Linien schief sind, ist es immerhin genauer,

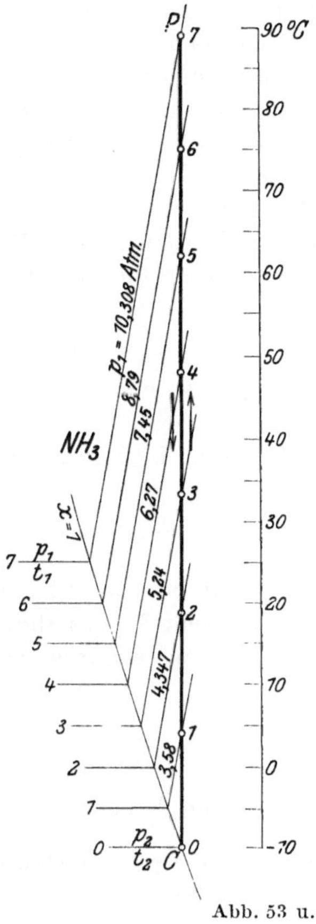

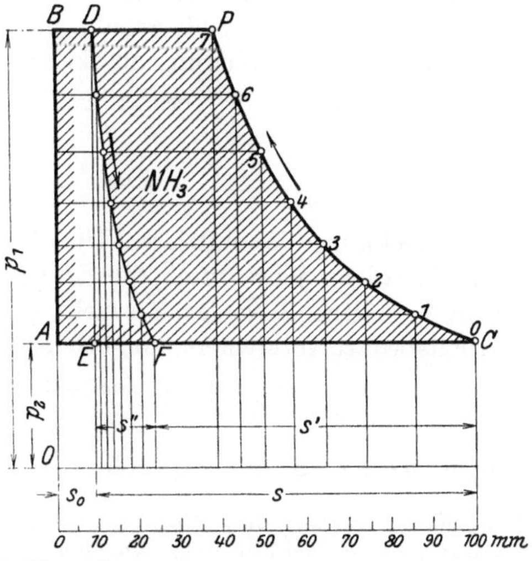

Abb. 53 u. 54. Umzeichnung der Adiabate.

wenn in der Entropietafel nur die Temperaturen abgelesen werden. Die Schnittpunkte der p-Linien mit den waagerechten Temperaturlinien sind sehr deutlich erkennbar.

Für die adiabatische Kompression CP (Abb. 53) erhält man auf die angegebene Weise das pv-Diagramm $CPBAC$ (Abb. 54), worin vorerst der schädliche Raum als nicht vorhanden angenommen ist. Die Strecke AC bedeutet das Ansaugevolumen, sie ist bei dem angenommenen trockenen Vorgang proportional dem spezifischen Volumen v_2'' des gesättigten Dampfes, entsprechend dem Verdampferdruck p_2.

Der mittlere Überdruck des pv-Diagramms ergibt sich mit dem Planimeter; er läßt sich auch unmittelbar aus dem Entropiediagramm berechnen, wie dies in Abschnitt 26, S. 65 gezeigt worden ist. Für den theoretischen Vorgang ist dabei $\lambda = 1$ und $\psi = 1$ zu setzen.

In derselben Abb. 54 ist der Einfluß des schädlichen Raumes sichtbar gemacht. Wird für die Expansion der Restgase dieselbe Adiabate PC im Entropiediagramm vorausgesetzt, so sind nur noch zu den bereits gewählten Pressungen die neuen Abszissen zu berechnen. Im pv-Diagramm trägt man den gegebenen schädlichen Raum s_0 ein, Strecke AE, dann ist nicht mehr AC, sondern EC das Hubvolumen s. Zu Beginn der Expansion im Punkt D (Abb. 54) ist $BD = s_0$ das Volumen, wobei aber zu D und zu P dieselben spezifischen Volumen zugehören. Die Abszissen der Kompressionslinien sind also mit dem Verhältnis BD/BP zu multiplizieren, um die Abszissen der Expansionslinie für dieselben Ordinaten zu erhalten.

Auf diese Weise kann die Expansionslinie rasch und genau eingezeichnet werden, während gerade hier die anderen Methoden zu ungenau sind, um Verwendung zu finden.

In der Strecke $s' = FC$ erhält man schließlich den Liefergrad des Diagrammes

$$\lambda = \frac{s'}{s}.$$

Zur Berechnung des mittleren Überdruckes ist zu berücksichtigen, daß das Ansaugen jetzt durch die Strecke s' dargestellt ist; es fließt daher im Verhältnis λ weniger Gewicht zum Kompressor, wodurch sich der Arbeitsbedarf verkleinert; folglich ist

$$p_i = \frac{(AL)\,427 \cdot \lambda}{\psi \cdot v_2''}.$$

Dieser Wert dient zur Kontrolle des ausgemessenen Druckes.

Beispiel. Führt man diese Darstellung für Ammoniak in der beschriebenen Weise durch, so ergeben sich unter Annahme eines Mittelwertes von $R = 47$ die in Tabelle 15 aufgeführten Werte. Dabei ist als Länge der Strecke AC

$$(AC) = 100 \text{ mm}$$

angenommen.

Tabelle 15.

Punkte	p ata	t °C	T	v m³/kg	Kompr. x mm	Expans. x' mm
0	2,923	−10	263,0	0,425	100,0	23,5
1	3,58	+ 4	277,0	0,364	85,8	20,2
2	4,347	18,5	291,5	0,315	74,0	17,4
3	5,24	33,4	306,4	0,275	64,6	15,2
4	6,27	48,0	321,0	0,240	56,5	13,3
5	7,45	62,0	335,0	0,211	49,6	11,7
6	8,79	75,0	348,0	0,186	43,75	10,3
7	10,308	89,5	362,5	0,164	38,6	9,1

Man findet z. B. für die Abszisse des Punktes 1 mit dem spezifischen Volumen $v_1 = 0,364$ m³/kg

$$x_1 = \frac{0,364}{0,425} \cdot 100 = 85,8 \text{ mm usw.}$$

Der mittlere Druck des Diagramms ohne Vorhandensein des schädlichen Raumes ist

$$p_i = \frac{42,2 \cdot 427}{0,425} = 42\,500 \text{ kg/m}^2 = 4,25 \text{ kg/cm}^2.$$

Die Tabelle 15 enthält ferner die Abszissen x' der Expansionslinie. Um die Abweichung recht deutlich hervortreten zu lassen, ist als schädlicher Raum der außergewöhnlich große Wert von $s_0/s = 10\%$ gewählt worden.

Nun ist für diesen Fall EC das Hubvolumen

$$s_0 + s = 100,0 \text{ mm,} \qquad s_0 = 0,1 \cdot s,$$
folglich $\qquad s = 90,9 \text{ mm,} \qquad s_0 = 9,1 \text{ mm.}$

Mit diesen Beträgen ergeben sich die eingeschriebenen Werte, und zwar ist vom höchsten Punkt 7 an zu beginnen. Für Punkt 6 ist z. B.

$$x'_6 = \frac{0,186}{0,164} \cdot 9,1 = 10,3 \text{ mm usw.}$$

Aus dem pv-Diagramm folgt als Lieferungsgrad

$$\lambda = \frac{100 - 23,5}{90,9} = 0,842,$$

damit wird der mittlere Überdruck mit $\psi = 1$

$$p_i = \frac{42,2 \cdot 427 \cdot 0,842}{0,425} = 35\,800 \text{ kg/m}^2 = 3,58 \text{ kg/cm}^2,$$

was mit der Ablesung des Planimeters übereinstimmt.

32. Übertragung des Indikatordiagramms in das Entropiediagramm.

Die im vorigen Abschnitt erklärte Methode kann in umgekehrter Reihenfolge verwendet werden, um die vom Indikator aufgezeichnete tatsächliche Kompressionslinie in das Entropiediagramm zu übertragen.

Im Indikatordiagramm Abb. 55 ist zunächst das Volumen des schädlichen Raumes im richtigen Verhältnis zum Hubvolumen einzuzeichnen. Alsdann sticht man zu einer Anzahl Ordinaten p die Abszissen x der Kompressionslinie ab, deren Anfangswert x_0 proportional dem bekannten Volumen v_0 des Dampfes ist. Ein anderes Volumen v findet sich aus $v = v_0 \cdot \dfrac{x}{x_0} \cdot$ Zu diesen Werten p und v gibt die Zustandsgleichung die Temperaturen T bzw. t, womit die Punkte in das Entropiediagramm eingetragen werden können.

Für das in Abb. 55 gezeichnete Indikatordiagramm mit einem schädlichen Raum von 2% und $x_0 = 102$ mm hat die Rechnung folgende Beträge ergeben:

Tabelle 16.

Punkte	p ata	x mm	v m³/kg	T	t °C
0	2,63	102,0	0,475	260,5	— 12,5
1	2,923	95,8	0,446	272	— 1
2	3,579	84,5	0,393	293	+16
3	4,347	72,0	0,335	303	30
4	5,242	62,0	0,288	315	42
5	6,271	53,8	0,250	328	55
6	7,45	47,0	0,219	340	64
7	8,792	40,6	0,189	346	73
8	9,43	38,0	0,177	348	75
9	9,81	37,0	0,172	352	79

Das zugehörige Entropiediagramm (Abb. 56) zeigt eine Kompressionslinie 0 bis 9, die anfänglich etwas rechts von der Adiabaten $O—P$ ansteigt; diese Erscheinung hat ihre Ursache in der Ausstrahlung vom warmen Kolben aus. Im weiteren Verlauf der Kompression macht sich die steigende Temperatur im Innern des Zylinders geltend; es fließt Wärme nach außen ab, so daß die Kompressionslinie nach links umbiegt.

In beiden Diagrammen sind die den Grenztemperaturen entsprechenden Drucke p_1 und p_2 eingetragen, wie sie die Druckmesser am Kondensator und am Verdampfer anzeigen. Man erkennt damit die Druckverluste zwischen den beiden Räumen und dem Kompressor. Die entsprechenden Energieverluste gegenüber der Adiabate $A—P$ der verlustfreien Kompression sind in Abb. 56 schraffiert; dadurch

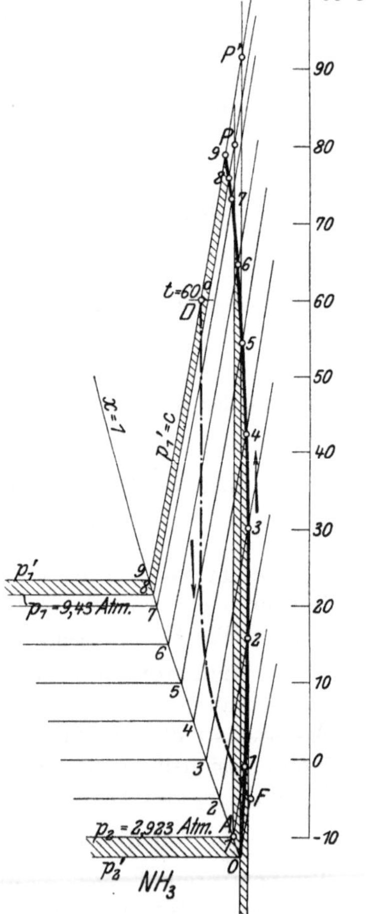

Abb. 55 u. 56. Umzeichnung des Indikatordiagrammes.

ist die Verteilung des Verlustes sichtbar gemacht; ferner kann das Verhältnis ψ des theoretischen zum indizierten Energieverbrauch bestimmt werden.

Diese Übertragung läßt sich wiederholen für die Expansionslinie DF aus dem schädlichen Raum. Allerdings ist es bei den kleinen Beträgen der Abszissen x schwierig, das Verfahren für eine größere Zahl von Punkten durchzuführen. Bei der vorliegenden Aufgabe genügt es aber meistens, den Anfangs- und Endpunkt zu übertragen.

Der Anfangspunkt D im Entropiediagramm ist durch den Ausstoßdruck p_1' und die zu messende Temperatur t' im Druckventilgehäuse gegeben. Diese Temperatur ist naturgemäß etwas kleiner als diejenige am Ende der Kompression. In Abb. 56 ist sie mit $t' = 60^0$ eingezeichnet, damit ist $v' = 0{,}163$ m³/kg, entsprechend dem schädlichen Raum $s_0 = 2$ mm. Für den Endpunkt F zeigt das Indikatordiagramm $x = 6$ mm. Damit folgt

$$v = \frac{6}{2} \cdot 0{,}163 = 0{,}49 \text{ m}^3/\text{kg}$$

und die Ordinate des Endpunktes F aus der Zustandsgleichung

$$t = -5^0 \text{ C}.$$

Nun kann nach Eintragen der beiden Punkte die Expansionslinie DF gezeichnet werden. Sie verläuft anfänglich adiabatisch, wird aber bei tieferen Temperaturen nach rechts abgelenkt infolge der Wärmeaufnahme von den Wandungen. Der Restdampf bleibt am Ende der Expansion noch etwas überhitzt, der Unterschied seines Zustandes gegenüber dem Ansaugevolumen ist aber unbedeutend. Damit sind die Wärmevorgänge sichtbar gemacht, und die Aufgabe kann in derselben Weise weiter verfolgt werden wie bei den Luftkompressoren.

III. Die Verwendung des Turbokompressors als Kältemaschine.

33. Allgemeines.

Der Turbokompressor hat sich als ein zweckmäßiges Mittel zur Verdichtung großer Gasmengen auf mäßige Enddrücke erwiesen und hat seiner Vorzüge wegen weite Verbreitung gefunden. Einfacher Aufbau, ölfreies Gas, geringe Grundfläche und einfache Bedienung sind einige dieser Vorzüge, sie legen den Gedanken nahe, diese rotierenden Verdichter auch bei Kälteanlagen einzuführen.

Die Verwendung für dampfförmige Kälteträger war bisher nicht möglich, weil umlaufende Schaufelräder gewisse kleinste Abmessungen nicht unterschreiten können, es bestehen nämlich untere Grenzen für das Ansaugevolumen. Die Turbomaschine eignet sich daher um so besser und ihre Vorteile kommen um so eher zur Geltung, je größer die verlangte Kälteleistung ist.

Es ist deshalb verständlich, daß die Entwicklung den umgekehrten Weg eingeschlagen hat als wie er sonst üblich ist, indem die erste bekannt gewordene Ausführung mit Turbokompressor zugleich die größte bis jetzt erstellte Anlage ist. Begünstigt wurde der Bau durch das erst seit wenigen Jahren auftretende Bedürfnis der chemischen Industrie nach Kälteleistungen in einem Ausmaß, wie er bis jetzt unbekannt war.

Die am Turbokompressor auftretenden besonderen Verhältnisse sind auch bei der Wahl des Kälteträgers mitbestimmend, und zwar sind solche Stoffe zweckmäßig, die innerhalb der verwendeten Temperaturgrenzen möglichst große spezifische Volumen besitzen. Aus diesen Gründen ist es ausgeschlossen, Kohlensäure in Turbokompressoren zu verwenden. Ammoniak ist nur für sehr große Kälteleistungen brauchbar, und zwar von mindestens 1 500 000 kcal/h an aufwärts. Für Kälteleistungen von 100000 kcal/h an und mehr können nur solche Stoffe in Frage kommen, deren Ansaugevolumen mindestens 40 bis 50 m³/Min. beträgt bei einem Druckverhältnis von etwa 5 : 1.

Dieser Bedingung genügen die beiden in Abschnitt 6 erwähnten Stoffe Methylenchlorid (CH_2Cl_2) und Äthylbromid (C_2H_5Br).

Die Dampfdrücke dieser beiden Stoffe befinden sich für die normalen Temperaturen des Prozesses unter der Atmosphärenspannung, so daß nicht nur im Verdampfer sondern auch im Kondensator Unterdruck auftritt. Erst bei etwa 38° erreicht die Dampfspannung 1 at, dafür besitzen diese Stoffe ein verhältnismäßig großes Volumen. Sie sind nicht brennbar, greifen Metalle nicht an und zeigen keine ätzende Wirkung; ihre Verwendung ist daher ohne Gefahr verbunden.

Für die Verdichtung von Gasen und Dämpfen ist das geforderte Druckverhältnis maßgebend. Im Turbokompressor wird das Druckverhältnis erreicht durch Anordnung einer genügend hohen Umfangsgeschwindigkeit u am Radumfang und durch die Zahl z der Räder oder Stufen. Das Verhältnis zwischen dem Enddruck und dem Druck im Saugrohr ist proportional dem Quadrat der Umfangsgeschwindigkeit u und proportional der Radzahl z. Man kann daher das erforderliche Produkt zu^2 als Vergleichszahl benützen, wenn verschiedene Kältemittel von gleicher Verdampfertemperatur auf gleiche Kondensatortemperatur zu verdichten sind.

In jeder einzelnen Stufe wird eine Druckhöhe h erreicht, die proportional dem Quadrat der Umfangsgeschwindigkeit ist. Man erhält sie aus der sog. Eulerschen Gleichung, deren einfachste Form lautet

$$h = k\frac{u^2}{g},$$

worin k ein Beiwert ist, der von der Form und der Anzahl der Schaufeln abhängig ist [1]. Diese in einem Rad erzeugte Druckhöhe hat als Größen-

---

[1] Siehe Ostertag: Kolben- und Turbokompressoren, 3. Aufl. 1923.

einheit die Anzahl Meter Gassäule desjenigen Stoffes, der im Rad verdichtet wird. Liest man das mittlere spezifische Gewicht γ oder das mittlere spezifische Volumen v dieses Stoffes innerhalb der Stufe aus der Entropietafel ab, so erhält man die entsprechende Druckerhöhung aus

$$\Delta p = h\,\gamma = h/v.$$

Man erkennt, daß die Druckerhöhung von der Natur des Stoffes abhängig ist, die Druckhöhe h dagegen nicht.

34. Ammoniak-Turbokompressor für große Leistungen.

Die größte bis jetzt bekannt gewordene Kälteanlage wurde im Jahre 1927 von der Kaliindustrie A.G. Kassel in Betrieb genommen in deren Glaubersalzfabrik [1]. Der im Schema (Abb. 57) dargestellte Kreislauf soll die mit $+20^0$ ankommende warme Lauge derart abkühlen, daß das darin aufgelöste Glaubersalz durch den ständig wirkenden Gefrierprozeß gewonnen wird. Diese Abkühlung erfolgt im Verdampfer V auf etwa -2^0, nachdem der Vorkühler W die Laugentemperatur auf $+11^0$

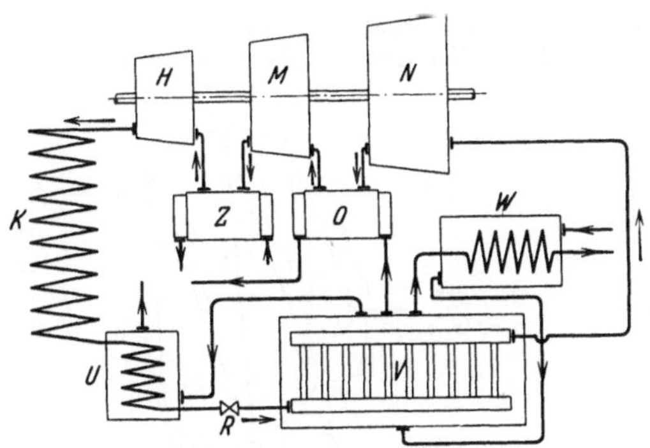

Abb. 57. Turbokälteanlage.

herabgesetzt hat. Vor der Weitergabe der abgekühlten Lauge strömt ein Teil derselben zum Unterkühler U, ein zweiter Teil durch den Zwischenkühler O und der Rest durch den Vorkühler W. Im zweiten Zwischenkühler Z wird Wasser zur Wärmeableitung verwendet.

Die Ausführung des mit Ammoniak arbeitenden Turbokompressors hat die Firma Brown, Boveri & Cie., Baden (Schweiz) übernommen. Wie das Schema zeigt, ist der Kompressor in drei Gehäuse unterteilt, dadurch erhält man die Möglichkeit, zwei Oberflächenkühler Z und O anzuwenden, die den verdichteten Dampf bis in die Nähe des Sättigungszustandes bringen können. Während des Winterbetriebes kann die HD-Gruppe ganz ausgeschaltet werden. Die Leiträder besitzen bewegliche Diffusorschaufeln, wodurch sich eine empfindliche und wirtschaftlich arbeitende Regulierung ergibt. Die Anpassung der Kälteleistung

---

[1] Z. VDI 1927 S. 1145 f.

an den Bedarf erfolgt durch Verstellen der Drehzahl, und zwar gibt eine Veränderung der Drehzahl um 10% eine Verstellung der Kälteleistung von 3000000 auf 8000000 kcal/h. Da der Antrieb durch eine Dampfturbine erfolgt, ist diese Art der Anpassung leicht durchzuführen.

Beispiel. Der beschriebene Turbokompressor soll für folgende Hauptwerte entworfen werden:

Verlangte Kälteleistung $\qquad$ $Q_0 = 6000000$ kcal/h

Zustand im Verdampfer $\quad t_2 = -15^0 \qquad p_2 = 2,41$ at, $i_2 = 297,1$ kcal/kg

Zustand im Kondensator $\quad t_1 = +30^0 \qquad p_1 = 11,9$ at

Zustand im Unterkühler $\quad t_u = +2^0 \qquad i_u = 2,2$ kcal/kg

Kälteleistung auf 1 kg $\quad Q_2 = 297,1 - 2,2 \quad = 294,9$ „

Umlaufende Menge $\quad G = 6000000/294,9 = 20350$ kg/h (5,65 kg/S)

Spez. Volumen Ende Verdampfung

$$v_2 = 0,509 \text{ m}^3/\text{kg}$$

Ansaugevolumen $\quad V = 60 \cdot 5,65 \cdot 0,509 = 172,5$ m³/Min.

Gesamtes Druckverhältnis $p_1/p_2 = 4,93$

Drehzahl des Kompressors (angenommen) $\qquad n = 6000$

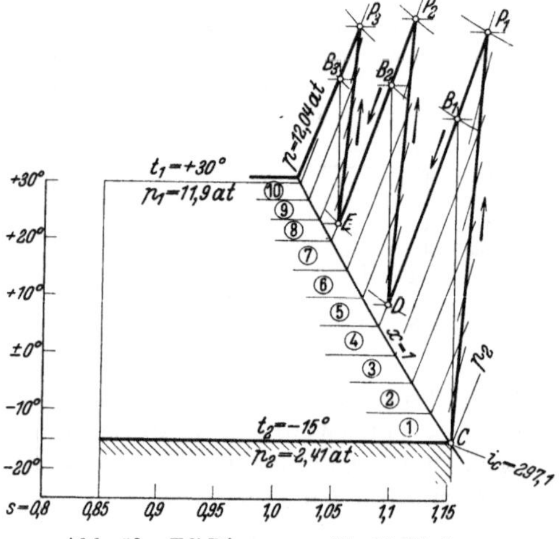

Abb. 58. TS-Diagramm für 10 Stufen.

Um die Verdichtung in den drei Gehäusegruppen im Entropiediagramm darzustellen, nehmen wir an, im ersten Gehäuse steige der Druck von 2,41 auf 5,26 at entsprechend den Sättigungstemperaturen von -15 und $+5^0$ nach der Polytrope $C-P_1$ (Abb. 58). Im 1. Zwischenkühler sinke die Temperatur auf $+9^0$ (Punkt D). Die Räder des zweiten Gehäuses sollen den Druck auf 8,74 at bringen (Polytrope $D-P_2$) und der 2. Zwischenkühler senke die Temperatur auf $+23^0$ (Punkt E). Man erhält damit das in Abb. 58 gezeichnete Bild des Vorganges und kann die Wärmeinhalte wie folgt ablesen:

Gehäusegruppe	I	II	III
Enddrücke at abs.	5,26	8,74	11,9
Temperatur Anfang Kompression ⁰ C . .	-15	$+9$	$+23$
Temperatur Ende Kompression ⁰ C . .	56	58	56,5
Wärmeinhalte Ende Adiabate kcal/kg . .	322	321	318,0
Wärmeinhalte Ende Polytrope „ . .	330	327,9	323,5
Wärmeinhalte Anfang Polytrope „ . .	297,1	305	307,8
Arbeit der Polytrope kcal/kg	32,9	22,9	15,7
Arbeit der Polytrope insgesamt kcal/kg	$AL = 71,5$ kcal/kg		
Mechanischer Wirkungsgrad (angenommen)	$\eta_m = 0,95$		

Leistungsaufnahme des Kompressors $\qquad N_c = \dfrac{71,5 \cdot 427 \cdot 5,65}{75 \cdot 0,95} = 2420 \text{ PS}$

Adiabatische Wirkungsgrade $\quad$ I. Gruppe $\quad \eta_{ad} = \dfrac{322 - 297}{330 - 297} = 0,76$

Adiabatische Wirkungsgrade $\quad$ II. Gruppe $\quad \eta_{ad} = \dfrac{321 - 305}{327,9 - 305} = 0,70$

Adiabatische Wirkungsgrade $\quad$ III. Gruppe $\quad \eta_{ad} = \dfrac{318,0 - 307,8}{323,5 - 307,8} = 0,65$

Die verwendeten Werte für den adiabatischen Wirkungsgrad berücksichtigen die mit zunehmendem Druck wachsende Scheibenreibung.

In vorliegendem Beispiel ist der Beiwert $k = 0,64$ gewählt. Nun kann man das mittlere spezifische Volumen v des Gases innerhalb einer Stufe aus der Entropietafel ablesen und erhält die Druckzunahme

$$\Delta p = h/v,$$

womit der Enddruck der betreffenden Stufe bestimmt ist. Nach dieser Methode haben sich folgende Werte ergeben:

Gruppe I.

$D = 650$ mm, $\quad u = 204$ m/S, $\quad h = 2700$ m. Fl. S.

Stufen	1	2	3	4
Anfangsdruck kg/m²	24 100	29 820	36 470	44 070
Mittlere spezifische Volumen m³/kg	0,47	0,406	0,356	0,32
Druckzunahme kg/m²	5 720	6 650	7 600	8 530
Enddruck kg/m²	29 820	36 470	44 070	52 600
Druckverhältnis	1,24	1,21	1,205	1,20

Gruppe II.

$D = 610$ mm, $\quad u = 191,5$ m/S, $\quad h = 2400$ m. Fl. S.

Stufen	5	6	7
Anfangsdruck kg/m²	52 600	63 500	75 100
Mittlere spezifische Volumen m³/kg	0,22	0,206	0,19
Druckzunahme kg/m²	10 900	11 600	12 600
Enddruck kg/m²	63 500	75 100	87 700
Druckverhältnis	1,205	1,185	1,167

Gruppe III.

$D = 500$ mm, $\quad u = 157$ m/S, $\quad h = 1600$ m. Fl. S.

Stufen	8	9	10
Anfangsdruck kg/m²	87 400	98 060	109 060
Spez. Volumen m³/kg	0,15	0,145	0,14
Druckzunahme kg/m²	10 660	11 000	11 340
Enddruck kg/m²	98 060	109 060	120 400
Druckverhältnis	1,12	1,115	1,10

Mit dem Enddruck $p = 12,04$ at abs. ist ein kleiner Überschuß gegenüber dem verlangten Druck $p_1 = 11,9$ at erreicht.

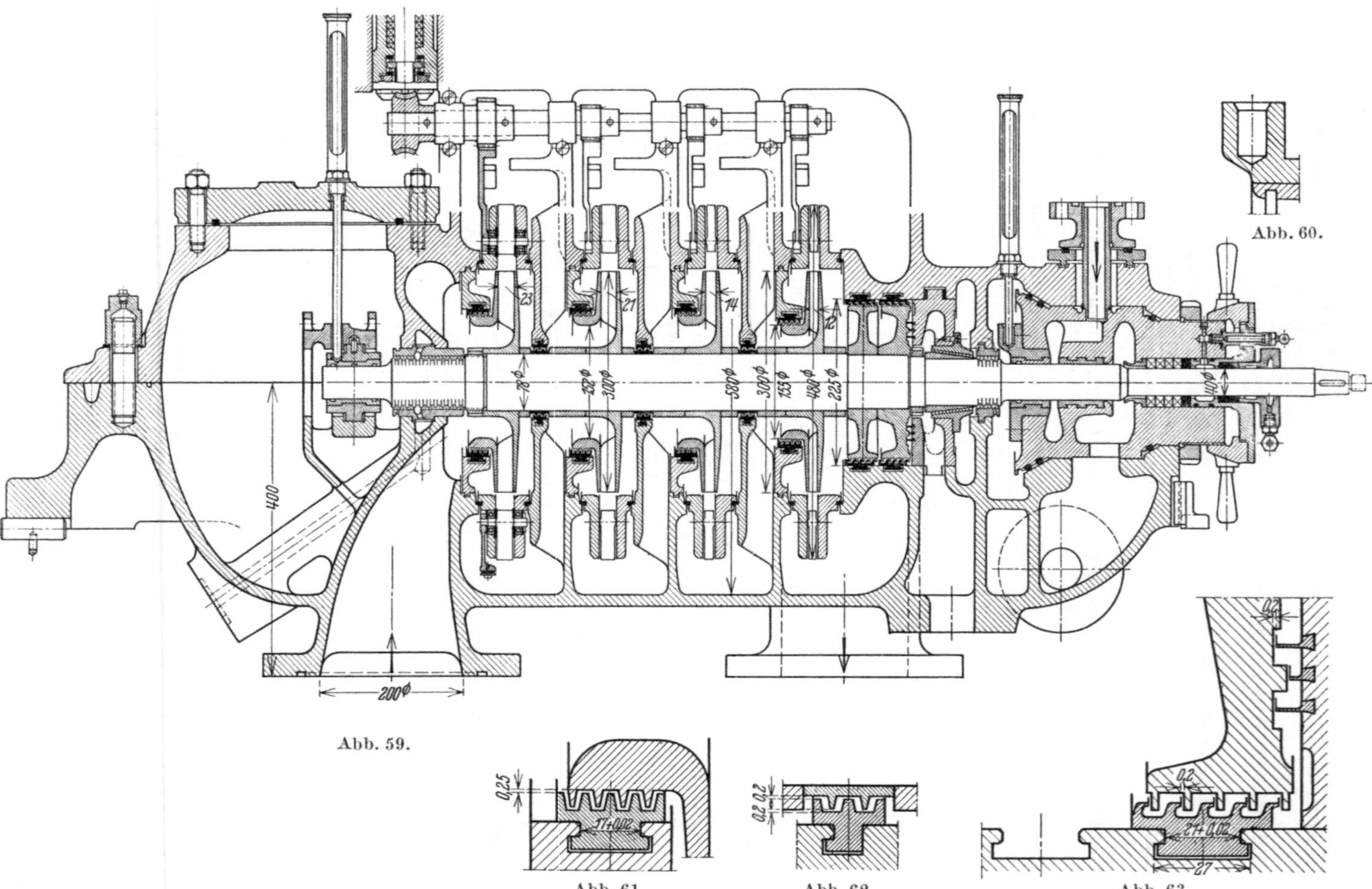

Abb. 59—63. Längsschnitt und Einzelteile eines Turbokompressors (Brown, Boveri & Cie., Baden).

35. Neuerungen an Ammoniakmaschinen.

Die mit der ersten Anlage mit Turbokompressoren gewonnenen Erfahrungen führten zu Bauarten, die auch für weniger große Ammoniakmengen verwendet werden können. Bemerkenswerte Verbesserungen zeigt die in Abb. 59 im Schnitt dargestellte Anordnung, die von Brown, Boveri & Cie. A.G., Baden mit Erfolg eingeführt worden ist. Das dargestellte *ND*-Gehäuse enthält vier Stufen, vier weitere Stufen folgen im *HD*-Gehäuse. Alle Wellenlager sind in das Innere der Gehäuse verlegt, so daß man mit einer

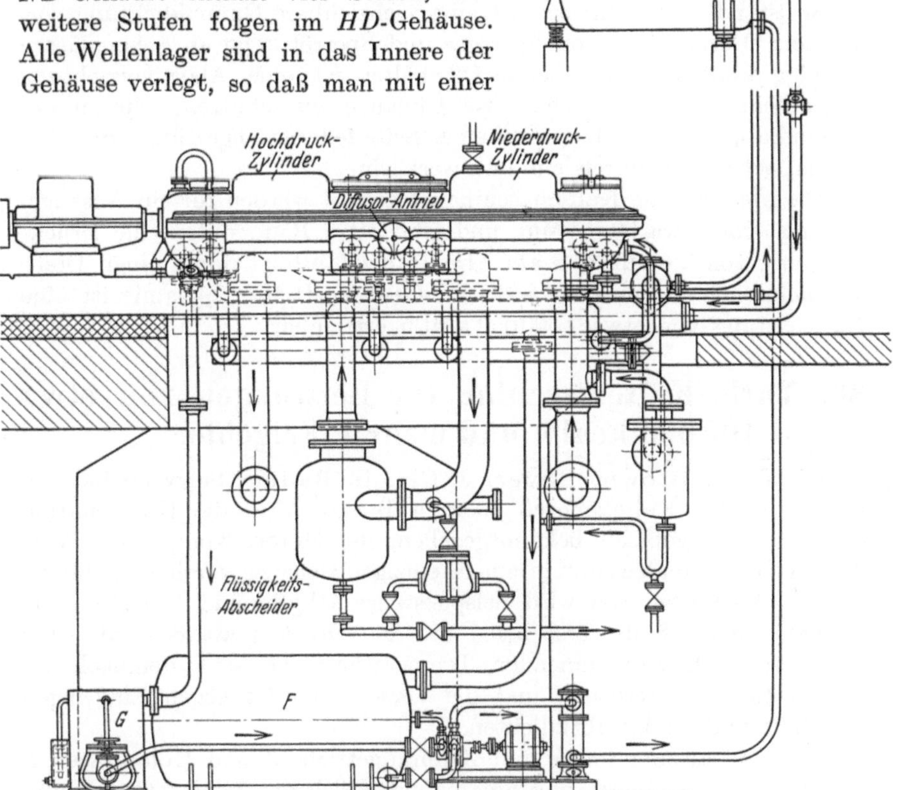

Abb. 64. Gesamtanordnung.

einzigen Stopfbüchse für den Austritt der Welle auf der Antriebsseite auskommt. Deckel vermitteln die Zugänglichkeit zu den Lagern.

Die Labyrinthdichtungen für die Räder, für die Zwischenwände und für den Ausgleichskolben sind in den Abb. 60—63 wiedergegeben. Mit besonderer Sorgfalt ist die Wellenabdichtung entworfen. Der Ringraum zwischen Entlastungskolben und Lager erhält Sperrdampf, dessen Druck etwas größer ist als der Druck außerhalb der Labyrinthdichtung. Der in den Lagerraum fließende kleine Rest des Sperrdampfes strömt mit dem Lageröl in eine Sammelleitung (Abb. 64), die auch das Öl der anderen Lager aufnimmt und die zu dem unten befindlichen Ölbehälter F führt. Von dort wird das Öl von einer Zahnradpumpe durch das Filter in den Hochbehälter H getrieben. Beide Ölbehälter stehen unter Verdampferdruck. Der außerhalb des Wellenlagers befindliche Ringraum wird durch Sperröl durchflossen, das sich im Gefäß G sammelt und einen besonderen Kreislauf durchläuft. Um den Gasaustritt auch im Stillstand zu verhindern, ist eine nachziehbare Gummidichtung vorgesehen. Der Umlauf von Sperrgas und Sperröl kann an Schaugläsern verfolgt werden. Am oberen Ölbehälter ist eine Alarmvorrichtung angebracht, um die Maschine vor Ölmangel zu schützen. Nimmt der Ölstand ab, so hebt sich der auf einer Seite federnd abgestützte Behälter H und schaltet dadurch ein Läutwerk ein.

Die beschriebene Kältemaschine ist gebaut worden für ein Ansaugevolumen von etwa 50 m³/Min. und gibt mit 8 Räderstufen eine Druckerhöhung von 2,4 auf 10,8 ata. Der Antrieb erfolgt durch einen Drehstrommotor mit Zahnradgetriebe (2960/16000 U/Min.). Damit ist eine Kälteleistung von etwa 1500000 kcal/h erreichbar.

36. Turbo-Kältemaschine für Leistungen von etwa 100000 kcal/h und mehr („Frigobloc").

Die Firma Brown, Boveri & Cie. in Baden (Schweiz) hat am internationalen Kältekongreß 1932 in Buenos-Aires die Konstruktion eines sog. „Frigobloc" bekanntgegeben, der Motor, Kompressor, Verdampfer und Kondensator in einem einzigen Gehäuse vereinigt (Abb. 65 u. 66). Als Kältemittel wird beispielsweise Äthylbromid (C_2H_5Br) verwendet, ein Stoff, der erst bei $+ 38^0$ den Druck 1 ata erreicht. Für die gewöhnlich vorkommenden Temperaturen herrscht demnach im ganzen Raum Unterdruck und die Verschalung ist gegen Eindringen von Luft vollständig abzudichten.

Der Drehstrommotor M mit Zahnradgetriebe Z und Kompressor T stehen auf Querträgern, darunter befinden sich der Verdampfer V und Kondensator K nebeneinander, getrennt durch eine Doppelwand. Die Kälteflüssigkeit sammelt sich am muldenförmigen Boden und durchströmt das selbsttätige Drosselventil R, das der Kontrolle zugänglich ist. Im Verdampfer berieselt das Kältemittel die Außenflächen der Röhren, wobei der sich bildende Dampf seitwärts abströmen kann. Daher entsteht ein günstiger Wärmedurchgang (800 kcal/m²/⁰C/h und mehr), wobei die hohe Geschwindigkeit der Sole in den Röhren (1 bis 2 m/S) mithilft. Die Berieselungsrohre B erhalten das flüssige Kältemittel von der Umwälzpumpe P, die das 5- bis 10fache der verdampfenden

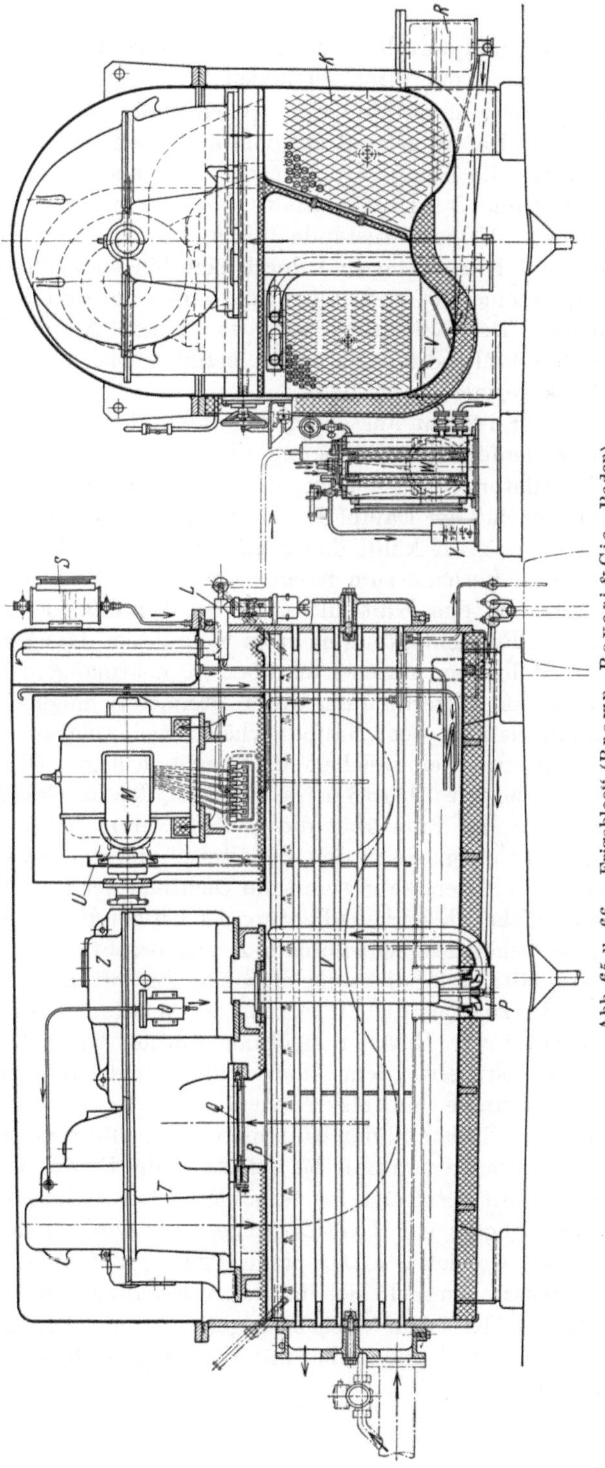

Abb. 65 u. 66. „Frigobloc" (Brown, Boveri & Cie. Baden).

Menge über die Verdampferrohre ausschüttet. Diese Pumpe läuft mit 1000 U/Min. und hängt mit ihrer vertikalen Welle am Getriebekasten. Die eingewalzten Verdampferrohre sind wellenförmig gebogen.

Der aufsteigende Dampf gelangt auf dem kürzesten Weg zum Turbokompressor, der für die Temperaturgrenzen — 10 und $+ 30^0$ nur vier Laufräder benötigt und das Druckverhältnis 5 bis 6 mit einer Umfangsgeschwindigkeit von 180 m/S zustande bringt.

Kompressor und Ritzelwelle sind durch eine längsbewegliche Stahlzapfenkupplung miteinander verbunden und laufen auf drei Rollen und einem Kugellager. Der Achsdruck wird von einem Ausgleichskolben beseitigt. An den Wellendurchführungen befinden sich Abspritzringe, wodurch Verluste vermieden werden.

Der Kondensator besteht aus einem liegenden Rohrbündel, um das der Dampf in wellenförmiger Bewegung fließt. Diese Bewegung wird durch einen Ventilator U begünstigt, dessen Saugrohr an den Motor angeschlossen ist, so daß der Dampf durch den Motor hindurch angesogen wird. Dieser Hilfskreislauf kühlt daher den Motor und bringt seine in Wärme umgesetzten Verluste zum Kondensator. Auf die Isolierung des Kurzschlußläufers hat das Kältemittel keinen Einfluß. Eine Brandgefahr ist selbst bei Funkenbildung nicht zu befürchten. Das Kühlwasser durchströmt die Rohre von unten nach oben in mehrmaligem Hin- und Hergang, so daß eine Unterkühlung des Kältemittels möglich ist.

Der Trennungsflansch der Haube erhält zwei ringsum laufende Gummidichtungen, zwischen welchen die Sperrinne liegt. Diese Rinne steht unter dem Druck des flüssigen Kältemittels, das im Gefäß S offen aufbewahrt wird. Sollte Luft über die äußere Gummidichtung in die Rinne eindringen, so steigt sie in den Behälter S und von da ins Freie. Am Schauglas des Behälters kann somit die Dichtheit der Fugen erkannt werden. Eine ähnliche Flüssigkeitsdichtung ist bei der Kabeleinführung und am Gehäusedeckel des Schwimmers R angebracht.

Trotz der sorgfältigen Abdichtung muß eine Entlüftungsvorrichtung E bereit stehen, die zugleich die Entleerung der Maschine besorgt, wenn einmal das Gehäuse zur Revision geöffnet worden war. Diese Einrichtung befindet sich neben dem Block und besteht im wesentlichen aus einer Vakuumpumpe mit elektrischem Antrieb. Sie kann nach Bedarf während dem Stillstand der Kältemaschine in Betrieb genommen werden. Ein Rückströmen von Luft bei Stillstand der Pumpe wird durch einen Absperrhahn auf der Saugseite verhindert. Der Hahn steht unter Ölverschluß. Das abgesogene Luft-Dampfgemisch wird in den Rückkühler W gedrückt, wo sich der Dampfanteil zum größten Teil kondensiert. Das Kondensat sammelt sich in einem Behälter und kann zeitweise wieder in den Kreislauf zurückgesogen werden. Die Luft wird über ein belastetes Ventil durch das mit Wasser gefüllte Gefäß Y ins Freie ausgestoßen.

Sollte trotz der sorgfältigen Abdichtung etwas Luft eindringen, so wird sie durch eine besondere Vorrichtung gezwungen, sich dort anzusammeln, wo sie den Wärmeübergang nicht stört. Zu diesem Zweck wird eine geringe Strömung zwischen Kompressorraum und vorletzter Verdichterstufe unterhalten, die über den im Verdampfer liegenden Kühler F führt. Dort kondensiert sich der Dampf und das Kondensat-Luftgemisch gelangt in den Luftanzeiger L, dessen Schauglas die aufsteigenden Luftblasen anzeigt. Diese Luft gelangt von oben in den Sammelraum L und verdrängt dort den schwereren Dampf, wobei das Kondensat abgegeben wird. Dampf und Flüssigkeit kommen nun in die vorletzte Stufe, wo die Flüssigkeit verdampft und die Wärme bindet. Die bei der Trennung entstehende Vermehrung in der Blasenbildung ist das Zeichen dafür, daß die Vakuumpumpe in Betrieb gesetzt werden muß, um die Luft zu entfernen.

Um die Leistung regeln zu können, befindet sich im Saugstutzen des Kompressors eine Drosselklappe Q die von außen bedient wird. Sie wird beim Anfahren geschlossen gehalten, um eine Überlastung des Motors zu verhindern.

Als Sicherheitseinrichtungen sind zu nennen: ein Strömungsanzeiger für das Kühlwasser, Thermostaten zum selbsttätigen Abstellen des Motors bei Überschreiten der Temperaturen, selbsttätige Regelorgane.

IV. Wärmedurchgang.
37. Allgemeine Gesetze.

Der Wärmefluß von einer wärmeren zu einer kälteren Flüssigkeit (oder Gas) durch eine feste Wandung unterliegt bei Kälteanlagen denselben Gesetzen wie bei Heizungseinrichtungen. Die Wandung setzt dem Durchgang eine Art Widerstand entgegen, der sich in Temperatursenkungen bemerkbar macht.

a) Ebene Wandung. Soll die Wärme Q in der Stunde durch die Wandfläche F (m²) fließen, so muß ein entsprechender Temperaturabfall $t_1 - t_2$ vorhanden sein zwischen der wärmeren und der kälteren Flüssigkeit. Wir denken uns die Wandung aus zwei verschiedenen Stoffen bestehend (Dicke δ_1 und δ_2).

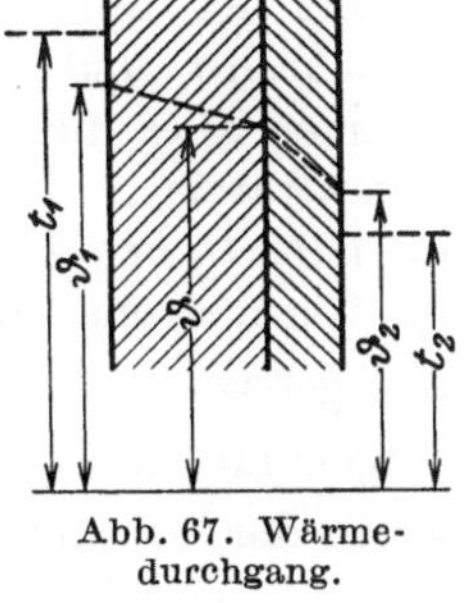
Abb. 67. Wärmedurchgang.

Beim Eintritt in die Wandung senkt sich die Temperatur von t_1 auf ϑ_1, und zwar darf gesetzt werden

$$Q = \alpha_1 F (t_1 - \vartheta_1), \tag{1}$$

worin die Übergangszahl α_1 von der Beschaffenheit der Flüssigkeit und der Wandung, sowie von der Geschwindigkeit abhängt, mit der die Flüssigkeit der Wand entlang fließt (Abb. 67).

Die Leitung der Wärme durch die erste Wandschicht bringt eine weitere Senkung der Temperatur hervor:

$$Q = \frac{\lambda_1}{\delta_1} F (\vartheta_1 - \vartheta), \tag{2}$$

ebenso ist für die zweite Schicht

$$Q = \frac{\lambda_2}{\delta_2} F (\vartheta - \vartheta_2). \tag{3}$$

Endlich gilt für den Übergang von der festen Wand an die kältere Flüssigkeit

$$Q = \alpha_2 F (\vartheta_2 - t_2). \tag{4}$$

Durch Addition dieser Gleichungen erhält man

$$Q \left(\frac{1}{\alpha_1} + \frac{\delta_1}{\lambda_1} + \frac{\delta_2}{\lambda_2} + \frac{1}{\alpha_2} \right) = F (t_1 - t_2)$$

oder zur Abkürzung

$$Q = k F (t_1 - t_2), \tag{5}$$

worin

$$\frac{1}{k} = \frac{1}{\alpha_1} + \frac{\delta_1}{\lambda_1} + \frac{\delta_2}{\lambda_2} + \frac{1}{\alpha_2}. \tag{6}$$

Diese derart zusammengesetzte Durchgangszahl k ist aus Gleichung (6) für jede Wandfläche besonders zu berechnen, nachdem die Zahlenwerte α_1, α_2, λ_1, λ_2 aus Versuchsergebnissen bekannt sind[1].

Mit k können nun die Wandungstemperaturen berechnet werden unter Benutzung der Gleichung (1) und (4):

$$\vartheta_1 = t_1 - \frac{Q}{\alpha_1 F} = t_1 - \frac{k}{\alpha_1} (t_1 - t_2), \tag{7}$$

$$\vartheta_2 = t_2 + \frac{Q}{\alpha_2 F} = t_2 + \frac{k}{\alpha_2} (t_1 - t_2). \tag{8}$$

Bei der Entwicklung der Formel 5 wurde vorausgesetzt, die Temperaturen t_1 und t_2 bleiben auf der ganzen Fläche F unverändert. Nun strömen aber die Flüssigkeiten der Fläche entlang und verändern ihre Temperaturen. Die warme Flüssigkeit G_1 kühlt sich um $t_1' - t_1''$ ab, die kalte G_2 erwärmt sich um $t_2'' - t_2'$ im Gegenstrom oder von t_2'' auf t_2' im Gleichstrom. Die Wärme beträgt daher

abgegeben: $\qquad\qquad Q = - G_1 c_1 (t_1' - t_1'') \tag{9}$

aufgenommen: $\qquad\qquad Q = \pm G_2 c_2 (t_2' - t_2''), \tag{10}$

worin das negative Zeichen für Gegenstrom gilt.

Für die kleinen Temperaturänderungen dt_1 bzw. dt_2 schreiben sich diese Gleichungen

$$d Q = - G_1 c_1 d t_1$$

$$d Q = \pm G_2 c_2 d t_2,$$

---

[1] Siehe ten Bosch: Die Wärmeübertragung, 2. Aufl. Berlin: Julius Springer 1927. — Hirsch: Die Kältemaschinen, 2. Aufl. Berlin: Julius Springer.

damit wird der Unterschied

$$d\tau = dt_1 - dt_2 = -\frac{dQ}{G_1 c_1} \pm \frac{dQ}{G_2 c_2}\,.$$

Durch Integration ergibt sich

$$\tau_a - \tau_e = Q\left(-\frac{1}{G_1 c_1} \pm \frac{1}{G_2 c_2}\right),$$

worin der Temperaturunterschied der Flüssigkeiten am Anfang der Fläche $\tau_a = t_1' - t_2'$ und am Ende der Fläche $\tau_e = t_1'' - t_2''$. An irgendeiner Stelle verursacht der Temperaturunterschied $\tau = t_1 - t_2$ einen Austausch dQ auf die kleine Fläche dF

$$dQ = kdF\tau,$$

in die Gleichung für $d\tau$ eingesetzt

$$\frac{d\tau}{\tau} = kdF\left(-\frac{1}{G_1 c_1} \pm \frac{1}{G_2 c_2}\right),$$

damit folgt

$$ln\frac{\tau_a}{\tau_e} = kF\left(-\frac{1}{G_1 c_1} \pm \frac{1}{G_2 c_2}\right)$$
$$= \frac{kF(\tau_a - \tau_e)}{Q},$$

damit ergibt sich die Schlußgleichung

$$Q = kF\tau_m, \tag{11}$$

worin

$$\tau_m = \frac{\tau_a - \tau_e}{ln\dfrac{\tau_a}{\tau_e}}\,. \tag{12}$$

Die allgemeine gültige Gleichung (11) geht in die Form Gleichung (5) über, wenn statt der Funktion τ_m der Unterschied der Temperaturen beider Flüssigkeiten eingesetzt wird.

Ist die Erwärmung bzw. die Abkühlung der Flüssigkeiten nicht groß, so darf statt der logarithmischen Funktion τ_m einfach gesetzt werden

$$\tau_m' = \frac{t_1' + t_1''}{2} - \frac{t_2' + t_2''}{2} \tag{13}$$

um die Rechnung zu vereinfachen. Der dadurch entstehende Fehler beträgt:

$$\frac{\tau_a}{\tau_e} = 0{,}66 \qquad 0{,}50 \qquad 0{,}33 \qquad 0{,}25 \qquad 0{,}20$$

$$\frac{\tau_m}{\tau_m} = 1{,}014 \qquad 1{,}038 \qquad 1{,}099 \qquad 1{,}154 \qquad 1{,}210.$$

b) Zylindrische Durchgangsfläche. Nehmen wir an, das dickwandige Rohr (innerer Radius r_1, äußerer Radius r_2) bestehe aus zwei Schichten, so können die Gleichungen für den Eintritt und für den Austritt der Wärme (1) und (4) unmittelbar angewendet werden und lauten, wenn l die Rohrlänge bedeutet

$$Q = 2\pi l r_1 a_1 (t_1 - \vartheta_1)$$
$$Q = 2\pi l r_2 a_2 (\vartheta_2 - t_2).$$

Für die Wärmeleitung durch eine dünne Schicht von der Dicke dr ist nach Gleichung (2)

$$Q = 2\,\pi\,l\,r\,\frac{\lambda_1}{dr}\,dt$$

oder

$$dt = \frac{Q}{2\,\pi\,l\,\lambda_1}\,\frac{dr}{r},$$

durch Integration erhält man

$$\vartheta_1 - \vartheta = \frac{Q}{2\,\pi\,l\,\lambda_1}\,ln\,\frac{r_1}{r}$$

oder

$$Q = 2\,\pi\,l\,\lambda_1\,(\vartheta_1 - \vartheta)\,ln\,\frac{r_1}{r},$$

ebenso ist für die zweite Schicht

$$Q = 2\,\pi\,l\,\lambda_2\,(\vartheta - \vartheta_2)\,ln\,\frac{r}{r_2}.$$

Addiert man diese Gleichungen, so ergibt sich eine Formel von der Form

$$Q = 2\,\pi\,l\cdot k\,(t_1 - t_2), \tag{14}$$

worin

$$\frac{1}{k} = \frac{1}{\alpha_1\,r_1} + \frac{1}{\alpha_2\,r_2} + \frac{1}{\lambda_1}\,ln\,\frac{r}{r_1} + \frac{1}{\lambda_2}\,ln\,\frac{r_2}{r}. \tag{15}$$

Häufig tritt die Leitungsfähigkeit λ_1 bzw. λ_2 ganz in den Hintergrund gegenüber der Übergangszahl α_1, z. B. zwischen Gasen und eisernen Röhren, dann darf die einfache Formel für ebene Wände (Gleichung 6) genommen werden. Dabei ist diejenige Oberfläche einzusetzen, an der die kleinere Übergangszahl zu erwarten ist. Weichen die beiden Übergangszahlen α_1 und α_2 wenig voneinander ab, so kann der mittlere Durchmesser $\frac{d_1 + d_2}{2}$ eingesetzt werden.

Besteht die Rohrwandung nur aus einer Schicht, so ist $\lambda_1 = \lambda_2 = \lambda$ und Gleichung (15) geht über in

$$\frac{1}{k} = \frac{1}{\alpha_1\,r_1} + \frac{1}{\alpha_2\,r_2} + \frac{1}{\lambda}\,ln\,\frac{r_2}{r_1}. \tag{16}$$

38. Bemerkungen über Verdampfer.

Um den Wärmedurchgang zu erleichtern, soll der Verdampfer mit Kälteflüssigkeit gefüllt erhalten bleiben. Diese Überflutung seiner inneren Oberfläche wird durch Hochstellen des Abscheiders erreicht, sein Flüssigkeitsspiegel muß sich über der höchstgelegenen Spirale des Verdampfers erheben (s. Abb. 8).

Die an den Wänden sich bildenden Dampfblasen sollen auf dem kürzesten Wege zum Abscheider emporsteigen können und es ist die Anordnung so zu treffen, daß ein lebhafter Umlauf der Flüssigkeit entstehen kann. Der Wärmedurchgang hängt nicht nur von diesen Umständen ab, sondern namentlich auch noch von den Geschwindigkeiten der an der Wand entlang strömenden Stoffe. Daher ist es kaum möglich, allgemein geltende Durchgangszahlen anzugeben, sondern man ist darauf angewiesen, diese Zahl für jede typische Bauart durch unmittelbare Messung zu bestimmen.

$$\text{Mittelwerte für } k \qquad (kcal/m^2/h/^0\,C)$$

Tauchverdampfer (ältere Anordnung)	50—75
Tauchverdampfer mit Rührwerk	200—300
Röhrenkessel mit mehrfachem Soledurchgang, liegend .	300—350
Röhrenkessel mit mehrfachem Soledurchgang, stehend .	300—500
Kurze senkrechte Steilrohre mit Sammelrohren	500—600
Heringsgräten-Verdampfer von York[1]	500—620

39. Bemerkungen über Kondensatoren.

Im Kondensator muß die Überhitzerwärme, die Verdampfungswärme und der zur Unterkühlung frei werdende Teil der Flüssigkeitswärme an das Kühlwasser abgegeben werden. Meistens befindet sich der Kompressor in einer gewissen Entfernung vom Kondensator, so daß die nicht isolierte Druckleitung einen Teil der Wärme an die Luft der Umgebung ausstrahlen kann. Um die Unterkühlung zu ermöglichen, muß sich das Kühlwasser im Gegenstrom zum Kältestoff bewegen. Die Durchgangsflächen sind also nicht überall den gleichen Bedingungen ausgesetzt und man findet daher für den Wert k noch größere Verschiedenheiten als am Verdampfer.

$$\text{Mittelwerte für } k \qquad (kcal/m^2/h/^0\,C)$$

Tauchkondensator mit Rührwerk	200
Berieselungskondensator	200
Blockberieselungskondensator	400
Bündelrohrberieselungskondensator (liegend)	600— 700
Bündelrohrberieselungskondensator (stehend [1]) . . .	700—1500
Berieselungskondensator mit Anzapfung [1] und Doppel-rohr	900

V. Die Wasserdampf-Kältemaschine.

40. Wirkungsweise des Prozesses.

Die Verwendung von Wasser als Kälteträger führt zu eigenartigen Verhältnissen, weshalb diese Maschine gesondert betrachtet werden soll.

Will man Wasser bei tiefen Temperaturen zum Sieden bringen, so sind nur sehr kleine Drücke anwendbar. Wasser von 0^0 C verdampft unter einem Druck von 0,00622 at abs. (4,579 mm QS); bei — 20^0 beträgt der Siededruck 0,00131 at abs. (0,96 mm QS). Bei diesen Drücken entwickeln sich außergewöhnlich große Volumen.

---

[1] Dr.-Ing. R. Plank: Amerikanische Kältetechnik.

Die ganze Einrichtung ist sehr empfindlich gegen Eindringen von Luft und ist daher sorgfältig abzudichten. Zur Förderung des Kältemittels sind Kolbenpumpen ungeeignet, bis jetzt sind ausschließlich Dampfstrahlejektoren (Westinghouse-Leblanc, Josse-Gensecke) verwendet worden. Der aus Düsen strömende Arbeitsdampf reißt den Kaltdampf an und preßt ihn in den Kondensatorraum.

Die Einrichtung ist in Abb. 68 in ihrer einfachsten Gestalt gezeichnet. Der als stehender Kessel ausgebildete Verdampfer V empfängt die warm

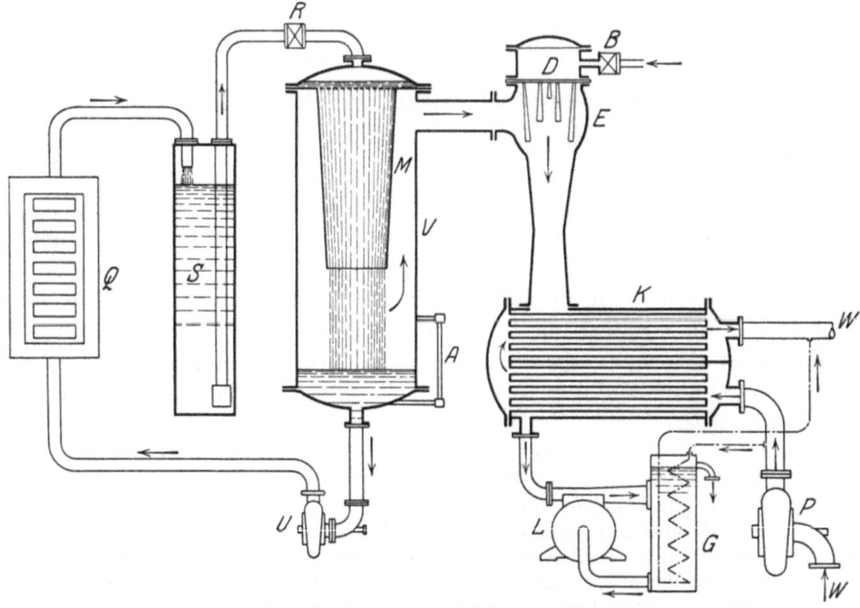

Abb. 68. Wasserdampf-Kältemaschine.

gewordene Sole von oben; sie verteilt sich auf dem waagerechten Sieb und fällt als feiner Regen mit kleiner Geschwindigkeit abwärts, so daß eine große Wasseroberfläche entsteht, die eine rasche Dampfbildung bewirkt. Durch den Entzug der Verdampfungswärme kühlt sich der flüssig bleibende Teil des Regens auf die gewünschte Temperatur ab und sammelt sich im unteren Teil des Kessels.

Die abgekühlte Sole ist nun befähigt, am Orte der Kälteerzeugung Q (z. B. Eisgenerator) von neuem Wärme aufzunehmen und dem Verdampfer V wieder zuzuführen. Den Umlauf besorgt die Pumpe U, die stets durch eine Flüssigkeitssäule vom Dampfraum des Kessels V getrennt gehalten werden muß; deshalb erhält der untere Teil des Kessels einen Wasserstandsanzeiger A. Die im Generator Q angewärmte Sole ergießt sich frei in das Soleausgleichsgefäß S, ein Unterdruck in der Kühlleitung ist damit vermieden und kleine Unregelmäßigkeiten in der Pumpenlieferung sind unschädlich. Im Gefäß S stellt sich ein bestimmter Solespiegel ein und der äußere Luftdruck hebt den Soleinhalt durch die eintauchende Steigleitung in den Verdampfer, wobei die umlaufende Menge durch das Regulierventil R eingestellt wird.

Die übrige Einrichtung bezweckt die Fortschaffung des gebildeten Dampfes. Zunächst soll ein Mitreißen von Wasser aus dem Verdampfer möglichst vermieden werden, wozu der Mantel M dient, der den aufsteigenden Dampf vom abfließenden Regen trennt. Der Mantel versieht also die Rolle eines Wasserabscheiders. Zur Förderung des Dampfes aus dem Kessel V in den Kondensator K ist der Dampfstrahlejektor E angeordnet. Der Betriebsdampf strömt durch das Ventil B in ein Bündel Düsen D und setzt dort seinen Wärmeinhalt in Strömungsenergie um. Zufolge des großen Druckverhältnisses zwischen Eintritt und Austritt erhalten die Düsen engste Stellen mit nachfolgender Erweiterung (Lavaldüsen).

Zur Erreichung einer günstigen Strahlwirkung ist eine größere Anzahl enger Düsen D in den Boden des Ejektors eingesetzt; sie bilden Gruppen, die in konzentrischen Kreisen liegen. Die äußere längere Düsengruppe reicht weiter in den Diffusor hinein als die innere Gruppe, um das Mitreißen des Kaltdampfes zu verteilen. Der Betriebsdampf verläßt die Düsen mit großer Geschwindigkeit und reißt den Kaltdampf durch Reibung mit sich. Im Diffusorrohr verwandelt sich die Geschwindigkeit in Druck, um den Druckunterschied zwischen Verdampf und Kondensator zu überwinden. Im Oberflächenkondensator K schlägt sich sowohl der Betriebsdampf als auch der Kaltdampf nieder; beide Stoffe werden aus dem Kreislauf entfernt. Man muß also soviel Wasser in das Soleausgleichsgefäß zusetzen, als durch die Verdampfung entzogen wird.

Das Kondensat und die eingefallene Luft werden mit der umlaufenden Naßluftpumpe L ins Freie gefördert. Dabei wirkt das Kondensat als Sperrflüssigkeit. Die Förderung geschieht in das Kondensatgefäß G, das mit Wasserkühlung versehen ist. Den Umlauf des Kühlwassers besorgt die Kreiselpumpe P.

Zum Betrieb der Anlage kann mit Vorteil Abdampf von 1 bis 3 at abs. verwendet werden.

41. Versuchsergebnisse.

Die Firma L. A. Riedinger & Cie., Augsburg, hat nachfolgende Versuchsergebnisse zur Verfügung gestellt, die an einer von ihr gebauten Wasserdampf-Kältemaschine auf dem Probestand des genannten Werkes vorgenommen wurden. Zur Messung der Kälteleistung wurde wie üblich die Temperatursenkung der umlaufenden Sole bestimmt, sowie Durchflußmenge und spezifische Wärme. Durch eine Heizvorrichtung konnte die Wärme wieder ersetzt werden, die von der Maschine als Kälteleistung in den Kondensator gefördert wurde.

Der im Kondensator niedergeschlagene Dampf wurde durch die Naßluftpumpe ausgeworfen und gewogen. Man erhält damit den stündlich verbrauchten Betriebsdampf, vermehrt um den aus der Sole verdampften Kälteträger, und einen zusätzlichen kleinen Betrag an Wasser, das durch Undichtigkeiten in den Kondensatorraum einfällt und vor den eigentlichen Versuchen genau zu messen ist. Der äußere und innere Düsenkranz des Ejektors hat je eine gesonderte Zuleitung für den Arbeitsdampf mit je einem besonderen Drosselventil zur Einstellung des Druckes nach Bedürfnis.

Um Salzwassertemperaturen von — 6⁰ bis — 8⁰ erreichen zu können, ist die Anlage als Doppelmaschine mit zwei Verdampfern und zwei Ejektoren gebaut. Zur Bestimmung der Salzwassermenge benutzte man Meßgefäße mit Ausflußmündungen, deren Durchflußmenge durch vorherige Eichung festgestellt worden war.

Versuch I erfolgte mit einem Verdampfer und nur einem Ejektor zum Nachweis, daß damit Soletemperaturen von — 6⁰ bis — 8⁰ C überhaupt erreichbar seien.

Versuch II gilt als normaler Betrieb unter Benutzung des zweiten Verdampfers mit dem zugehörigen Ejektor; Bestimmung der Leistung bei einer Soletemperatur von + 2⁰ bis — 2⁰ C. Über die Ergebnisse dieser beiden Versuche gibt Tabelle 17 Auskunft.

Tabelle 17.

Versuchsbezeichnung		I	II
Barometerstand	mm/QS	723	722,25
Vakuum im Verdampfer	mm/QS	717,1	717,0
Vakuum im Kondensator	mm/QS	683,4	684,0
Betriebsdampf: Überdruck im Kessel	kg/cm²	8,4	9,08
Überdruck im äußeren Düsenkranz	kg/cm²	2,89	4,28
Überdruck im inneren Düsenkranz	kg/cm²	6,98	8,76
Sole: Temperatur am **Eintritt**	⁰C	— 5,62	+ 0,81
Temperatur am **Austritt**	⁰C	— 7,28	— 2,23
Spez. Gewicht	kg/l	1,131	1,1763
Spez. Wärme	kcal/kg	0,817	0,761
Spez. Wärme	kcal/l	0,923	0,9
Umlaufende Solemenge	l/h	7550	7320
Kälteleistung in der Stunde	kcal/h	**11600**	**20200**
Kühlwasser: Temperatur am **Eintritt**	⁰C	**26,97**	**26,97**
Temperatur am **Austritt**	⁰C	**30,60**	**29,5**
Temperaturzunahme	⁰C	**3,63**	**2,03**
Kondensat: Gemessene Kondensatmenge	kg/h	286	187
Aus der Sole verdampft	kg/h	22,2	37,9
Durchlässigkeit des Kondensators	kg/h	4,3	4,3
Dampfverbrauch: Nettoverbrauch für den Ejektor	kg/h	259,5	144,8
Nettoverbrauch für 10000 WE	kg/h	223	71,8
Kälteleistung auf 1 kg Betriebsdampf	kcal/h	**44,8**	**139**

42. Berechnung der Wasserdampf-Kältemaschine.

Für die Berechnung der Kältemaschine ist ein TS-Diagramm mit genügend großen Maßstäben zu entwerfen, das sich in das Gebiet unter 0^0 C erstrecken muß. Wie üblich sind die Temperaturen t_1 im Kondensator und t_2 im Verdampfer gegeben, womit die waagerechten Begrenzungen B—D und A—C des Diagrammes Abb. 69 bestimmt sind. Der Kälteträger ist ein Gemisch von Dampf mit geringen Luftmengen, die trotz sorgfältiger Abdichtung doch in den Kreislauf gelangen und ihres großen Volumens wegen berücksichtigt werden müssen.

Der Druck dieser Mischung setzt sich zusammen aus den Teilpressungen, den jeder einzelne Stoff für sich in demselben Raum einnehmen würde, man kann also setzen

Kondensator $p_1 = p_{1d} + p_{1l}$

Verdampfer $p_2 = p_{2d} + p_{2l}$,

hierin sind die Teildrücke des Dampfes aus Tabelle für gesättigten Wasserdampf zu entnehmen, sie entsprechen den Temperaturen t_1 und t_2. Für den Anfangspunkt der Drosselkurve E—G ist nicht die Temperatur des Kondensates maßgebend, sondern diejenige der Sole (t_u) im Ausgleichsgefäß.

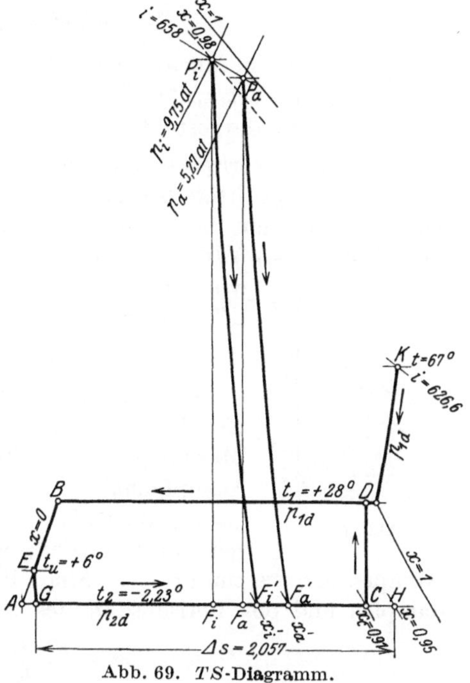

Abb. 69. TS-Diagramm.

Für den Beginn der Kompression (Punkt C Abb. 69) ist der Zustand der Dampf-Luftmischung am Eintritt in den Diffusor maßgebend. Um ihn zu finden, müssen wir zunächst den Vorgang in den Düsen verfolgen. Der Zustand des verfügbaren Betriebsdampfes vor den inneren Düsen sei durch Punkt P_i (Druck p_i) gegeben, für die äußeren Düsen werde der Dampf auf p_a gedrosselt, so daß P_a der entsprechende Zustandspunkt bedeutet.

Bei verlustfreier Strömung stellt die Senkrechte P_i — F_i bzw. P_a — F_a die adiabatische Expansion des Dampfes in den Düsen dar. Damit ist das theoretische Wärmegefälle jeder Düsengruppe

$$H_i = i - i_i, \quad H_a = i - i_a.$$

Sind G_i und G_a die Gewichtsmengen in der Sekunde, so folgt für das mittlere theoretische Gefälle

$$H_0 = \frac{G_i H_i + G_a H_a}{G_i + G_a},$$

womit die Ausflußgeschwindigkeiten aus den Düsen bestimmt sind. Mit dem Wirkungsgrad η_0 der Düsen ergibt sich das wirklich in Geschwindigkeit umgesetzte Wärmegefälle zu

$$H = \eta_0 H_0 .$$

Der Restbetrag $(1 - \eta_0) H_0$ trägt zur Trocknung des ausströmenden Dampfes bei, er vergrößert den Dampfgehalt x auf x', und zwar ist

$$(1 - \eta_0) H_0 = r_2 (x' - x) ,$$

wo r_2 die Verdampfungswärme entsprechend der Temperatur t_2 bedeutet. Der wirkliche Verlauf der Expansionslinie ist in Abb. 69 durch $P_i - F_i'$ bzw. $P_a - F_a'$ dargestellt.

Nach dem Verlassen der Düsen mischt sich der Arbeitsdampf mit dem Kaltdampf; beide Stoffe erhalten eine gemeinsame Geschwindigkeit, besitzen aber nur noch einen Teil H als Strömungsenergie, während der Rest $(1 - \eta') H$ als Reibungswärme eine weitere Trocknung hervorbringt. Der Dampfgehalt steigt nun von x' auf x'', und zwar ist

$$(1 - \eta') H = r_2 (x'' - x') .$$

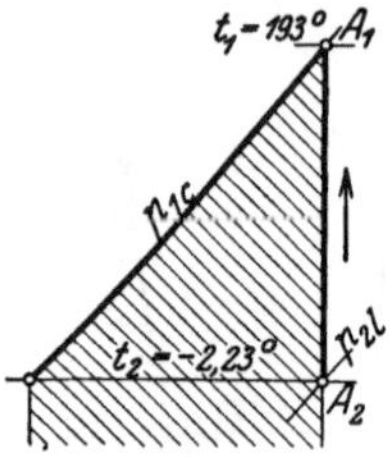

Da der Betriebsdampf meistens immer noch mehr Feuchtigkeit zeigt als der Kaltdampf, erfolgt bei der Mischung beider Stoffe eine leichte Trocknung, der Dampfgehalt x_c am Eintritt in den Diffusor ist demnach größer als x''. Vorläufig kann diese Vergrößerung geschätzt werden, wodurch der Anfangspunkt C der Kompression bestimmt ist. Sind die Gewichte G und G_b des Kaltdampfes und des Betriebsdampfes bestimmt, so folgt

$$x_b = \frac{x'' G_b + x_2 G}{G_b + G} .$$

Der Diffusor hat das Gewicht $G + G_b$ des Dampfes und das Gewicht G_l der Luft zu verdichten. Der Unterschied der Wärmeinhalte der Punkte D und C gibt die adiabatische Verdichtungsarbeit auf 1 kg Dampf

$$A L_d = i_d - i_c .$$

Die Arbeit für 1 kg Luft läßt sich aus einer Entropietafel für Luft bestimmen, wobei der Anfangspunkt der Kompression durch t_2 und p_{2l} gegeben ist (Abb. 70). Als Enddruck muß p_{1l} eingetragen werden. Man erhält mit t' als Endtemperatur

$$A L_l = c_p (t' - t_2) .$$

Mit η'' als Wirkungsgrad des Diffusors ergibt sich für die Energiegleichung

$$\eta' H G_b = \frac{1}{\eta''} [A L_d (G + G_b) + A L_l G_l] .$$

Abb. 70.

Setzt man zur Abkürzung $\mu = G_l/G$, so ergibt sich das Verhältnis von Betriebsdampf zu Kaltdampf

$$\lambda = \frac{G_b}{G} = \frac{A L_d + \mu A L_l}{H \eta' \eta'' - A L_d}.$$

Das Verhältnis μ der Luftmenge zum Kaltdampf kann bei ausgeführten Anlagen aus den gemessenen Werten von Druck und Temperatur berechnet werden. Man erhält die Teildrücke

für Dampf aus $\qquad p_d V = G R_d T,$

für Luft aus $\qquad p_l V = G_l R_l T,$

damit $\qquad \mu = \dfrac{G_l}{G} = \dfrac{p_l R_d}{p_d R_l},$

wobei $\qquad R_d = 47 \qquad\qquad R_l = 29{,}27.$

Für den Entwurf ist μ gemäß den bei Versuchen erworbenen Erfahrungen zu schätzen.

Die Kälteleistung auf 1 kg des Kälteträgers berechnet sich wie bisher

$$Q_2 = \varDelta s \cdot T_2 = i_c - i_u.$$

Mit der stündlichen Kälteleistung Q_0 ist das umlaufende Gewicht G, ferner die Gewichte G_b und G_l bestimmt.

Für die Energieumsetzung ist die Kälteleistung auf 1 kg des Betriebsdampfes maßgebend:

$$K = \frac{Q_0}{G_b} = \frac{G Q_2}{G_b} = \frac{H \eta' \eta'' - A L_d}{A L_d + \mu A L_l} Q_2.$$

Nun soll noch die Verlustwärme im Diagramm sichtbar gemacht werden. Die nicht in Arbeit umgesetzte Wärme ist gleich der wirklich geleisteten Verdichtungsarbeit vermindert um den Betrag der adiabatischen Arbeit:

$$G_b Q_v = \frac{A L_d (G + G_b)}{\eta''} - A L_d (G + G_b),$$

woraus

$$Q_v = \frac{(1 - \eta')(1 + \lambda)}{\eta'' \lambda} A L_d.$$

Diese Verlustwärme trocknet den Dampf im Verlauf der Verdichtung und bringt ihn in das Überhitzergebiet. Daher liegt der Endpunkt K der Kompressionslinie auf der p-Linie, die dem Dampfdruck p_{1_d} im Kondensator entspricht.

Als Leistungsziffer kann das Verhältnis der Kälteleistung zur Arbeitsfähigkeit des Betriebsdampfes eingeführt werden unter Annahme adiabatischer Vorgänge:

$$\varepsilon = \frac{G Q_2}{G_b H_0}.$$

Für die Düsenquerschnitte f_0 an den engsten Stellen gilt die bekannte Gleichung

$$G_b = 3600 \cdot 1{,}99 \cdot f_0 \sqrt{\frac{p}{v}} \,.$$

Im Diffusor ist die Strömungsenergie $\eta'H$ verfügbar, um der Mischung die Geschwindigkeit w zu erteilen, daher ist

$$\eta' H G_b = (G + G_b + G_l)\, A\, \frac{w^2}{2g} \,,$$

woraus

$$w = 91{,}5 \sqrt{\frac{\lambda\, \eta'\, H}{1 + \lambda + \mu}} \,.$$

Mit dieser Geschwindigkeit tritt das Gemisch in den Diffusor. Der Dampfanteil besitzt dort ein spezifisches Volumen, das dem Punkt C im E-Diagramm entspricht; damit folgt für den Eintrittsquerschnitt

$$f_e = \frac{(G + G_b)\, v_d}{3600 \cdot w} \,.$$

In ähnlicher Weise bestimmen sich die Querschnitte an anderen Stellen des Diffusors.

Beispiel (s. Tabelle 17, Versuch Nr. II).

Stündliche Kälteleistung			$Q_0 = 20200$ kcal/h
Druck im Verdampfer	$p_2 = 722{,}25 - 717{,}0 =$	$5{,}25$ mm Hg	$= 0{,}00715$ ata
Sole	$t_2 = -2{,}23^0$ C, $\ p_{2d} =$	$3{,}864$,, ,,	$= 0{,}0053$,,
Luft	$p_{2l} = 5{,}25 - 3{,}864 =$	$1{,}386$,, ,,	$= 0{,}00187$,,

$$\text{Verhältnis Luft/Dampf} \qquad \mu = \frac{1{,}386 \cdot 47}{3{,}864 \cdot 29{,}3} = 0{,}575$$

Druck im Kondensator $\quad p_1 = 722{,}25 - 684{,}0 = 38{,}25$ mm Hg $= 0{,}052$ ata

$$\text{Druckverhältnis} \qquad p_{1l}/p_{1d} = \frac{29{,}3 \cdot 0{,}575}{47} = 0{,}358$$

Dampf im Kondensator $\quad p_{1d} = 0{,}0383$ ata $\qquad t_1 = 28{,}0^0$ C
Luft im Kondensator $\quad p_{1l} = 0{,}0137$ ata
Sole im Ausgleichsgefäß $\quad t_u = +\,6^0$ C
Kälteleistung auf 1 kg $\quad Q_2 = 2{,}057 \cdot (273 - 2{,}2) \qquad\qquad = 556$ kcal/kg
Stündliche Kälteleistung $\qquad\qquad\qquad\qquad\qquad\quad Q_0 = 20200$ kcal/h
Umlaufende Dampfmenge $\qquad\qquad\quad G = 20200/556 \qquad = 36{,}3$ kg/h

Tabelle 18.

Betriebsdampf		innerer Kranz	äußerer Kranz
Anfangsdruck	at abs.	9,75	5,27
Spez. Volumen Eintritt	m³/kg	0,204	0,364
Wärmeinhalt Eintritt	kcal/kg	658	658
Wärmeinhalt Ende Adiabate	kcal/kg	421	444
Theoretische Wärmegefälle		237	214
Ausflußgeschwindigkeit ($\eta_0 = 0{,}85$)	m/S	1300	1235
Spez. Dampfgehalt Ende Adiabate		0,709	0,745
Verlustwärme	kcal/kg	35,6	32,1
Spez. Dampfgehalt Ende Expansion		0,769	0,799

Mengenverhältnis der Düsen außen/innen (angenommen) $G_a/G_i = 4$

Querschnittsverhältnis $\qquad \dfrac{f_a}{f_i} = \dfrac{G_a}{G_i} \sqrt{\dfrac{p_a v_i}{p_i v_a}} = 2{,}2$

Mittlere theoretische Gefälle $\qquad H_0 = \dfrac{237 + 4 \cdot 214}{1 + 4} = 218{,}6 \ \text{kcal/kg}$

Mittlere wirkliche Gefälle $\qquad H = 0{,}85 \cdot 218{,}6 \qquad\qquad = 185{,}8 \ \text{kcal/kg}$

Mittlerer Dampfgehalt $\qquad x' = \dfrac{x'_i G_i + x'_a G_a}{G_i + G_a} = 0{,}793$

Wirkungsgrad der Übertragung (angenommen) $\qquad\qquad\qquad \eta' = 0{,}65$

Reibungswärme $\qquad\qquad\qquad\qquad\qquad\qquad 0{,}35 \cdot 185{,}8 = 65 \ \text{kcal/kg}$

Dampfgehalt zufolge Reibungswärme $x'' = 0{,}793 + \dfrac{65{,}0}{595{,}8} = 0{,}902$

Dampfgehalt Anfang Kompression (geschätzt) $\qquad\qquad x_c = 0{,}91$

Arbeit der Kompression Dampf $AL_d = 599{,}0 - 540{,}5 \qquad = 58{,}5 \ \text{kcal/kg}$

Arbeit der Kompression Luft $\quad AL_l = 0{,}242\,(193 + 2{,}2) \qquad = 47{,}2 \ \text{,,}$

Wirkungsgrad des Diffusors (angenommen) $\qquad\qquad\qquad \eta'' = 0{,}66$

Verhältnis Betriebsdampf/Kaltdampf $\lambda = \dfrac{58{,}5 + 0{,}575 \cdot 47{,}2}{185{,}8 \cdot 0{,}66 \cdot 0{,}65} = 4{,}0$

Verbrauch an Betriebsdampf $\quad G_b = 4{,}0 \cdot 36{,}3 \qquad\qquad = 145{,}2 \ \text{kg/h}$

Kälteleistung auf 1 kg Betriebsdampf $\qquad\qquad\qquad Q_2/\lambda = 139 \ \text{kcal/kg}$

Dampfgehalt Anfang Kompression (berechnet)

$$x_c = \dfrac{0{,}902 \cdot 4{,}0 + 0{,}95}{4{,}0 + 1{,}0} = 0{,}91$$

Verlustwärme im Diffusor $\qquad Q_v = \dfrac{(1 - 0{,}66)\,(1 + 4) \cdot 58{,}5}{0{,}66 \cdot 4{,}0} = 37{,}7 \ \text{kcal/kg}$

Leistungsziffer des Carnot-Prozesses

$$\varepsilon_0 = \dfrac{270{,}8}{28 + 2{,}2} = 8{,}96$$

Erreichte Leistungsziffer $\qquad \varepsilon = \dfrac{556}{4{,}0 \cdot 218{,}6} = 0{,}636$

Diffusor:

Geschwindigkeit Eintritt $\qquad w = 91{,}5 \sqrt{\dfrac{4 \cdot 0{,}65 \cdot 185{,}8}{1 + 4{,}0 + 0{,}575}} = 185 \ \text{m/S}$

Spez. Volumen Eintritt $\qquad\qquad\qquad\qquad\qquad v_d = 227 \ \text{m}^3/\text{g}$

Eintrittsquerschnitt $\qquad f_e = \dfrac{(36{,}3 + 145{,}2)\,227 \cdot 10000}{3600 \cdot 853} = 134 \ \text{cm}^2$

VI. Kälteerzeugung unter Verwendung von Gasen.

43. Wirkungsweise der Kälteanlage.

Das Wesen der Kälteerzeugung unter Verwendung von Gasen als Kälteträger beruht auf der Tatsache, daß durch Expansion von Preßluft eine Arbeit nach außen abgegeben wird, die durch Umwandlung des inneren Wärmevorrates des Stoffes hervorgeht. Mit dem Druck sinkt daher auch die Temperatur. Hat das gespannte Gas vor Beginn der Ausdehnung die Temperatur der Umgebung angenommen, so ist die Abkühlung gegen das Ende der Expansion derart vorgeschritten, daß das Gas zur kräftigen Kältewirkung befähigt ist.

Als Einrichtung kann das in Abb. 5 (S. 6) für den idealen Kältevorgang gezeichnete Schema unmittelbar verwendet werden; eine Abweichung ist einzig im Wärmeaufnehmer V möglich.

Für den Kreisprozeß wird als Kälteträger wohl ausschließlich atmosphärische Luft verwendet, die kostenlos in beliebiger Menge vorhanden ist.

Die Luft wird im Kompressor KZ (Abb. 5) vom Druck p_0 auf p_1 verdichtet und erwärmt sich dabei. Im Kühlgefäß K findet die Ableitung der Wärme statt, so daß die Druckluft womöglich wieder die Anfangstemperatur annimmt. Sie strömt nun in den Expansionszylinder EZ, wo die Ausdehnung auf den Außendruck ohne Wärmezufuhr stattfindet und die gewünschte Temperatursenkung erreicht wird.

Für die Verwendung der aus dem Expansionszylinder ausfließenden Luft sind zwei Fälle denkbar. Läßt man die Luft den Kühlschlangen einer Soleleitung entlang streichen, so entnimmt die Kaltluft Wärme aus der Sole und führt sie dem Kompressor zu. Dieses Verfahren wird selten angewendet.

Eine zweite Verwendung besteht darin, daß die kalte Luft unmittelbar in den Kühlraum V ausgestoßen wird. In diesem Falle ist die in Abb. 5 im Raum V gezeichnete Kühlschlange wegzudenken. Die Luft fließt nach ihrer Erwärmung ins Freie ab und der Raum erhält stets neue Luft, so daß mit der Kühleinrichtung zugleich eine Lüftung verbunden ist. In dieser Zusammensetzung liegt der Vorteil dieses Kälteverfahrens.

Für die Kälteanlage an sich betrachtet ist es allerdings vorteilhafter, wenn der Kompressor dieselbe Luftmenge von neuem ansaugt, da dies meist bei einer tieferen Temperatur stattfinden kann als die Außenluft zeigt.

44. Der ideale Luft-Expansionsprozeß.

Die in Frage kommenden Zustandsänderungen lassen sich besonders deutlich im Entropiediagramm verfolgen, wozu sich die Entropietafel für Luft eignet[1].

Ist der Zylinder des Kompressors am Ende des Saughubes mit Luft vom Druck p_0 und der Temperatur T_0 gefüllt (Punkt A_0, Abb. 71), so vollzieht sich beim Rückgang des Kolbens die Kompression, die adiabatisch vorausgesetzt werden soll. Sie ist beendet, wenn die Spannung

---

[1] Siehe Ostertag: Die Entropietafel für Luft und ihre Verwendung zur Berechnung der Kolben- und Turbokompressoren, 3. Aufl. Berlin: Julius Springer 1930.

auf den Betrag p_1 in der Druckleitung gestiegen ist, falls die Nebeneinflüsse unberücksichtigt bleiben. Der Endpunkt A_1 der Kompression ergibt sich daher als Schnittpunkt der Senkrechten durch A_0 mit der Linie konstanten Druckes (p_1-Linie). Aus dem Diagramm läßt sich die Ordinate T_1 ablesen, so daß man die Kompressionsarbeit aus der Gleichung

$$A L_c = c_p \, (T_1 - T_0)$$

berechnen kann, worin c_p die spezifische Wärme der Luft bei konstantem Druck bedeutet.

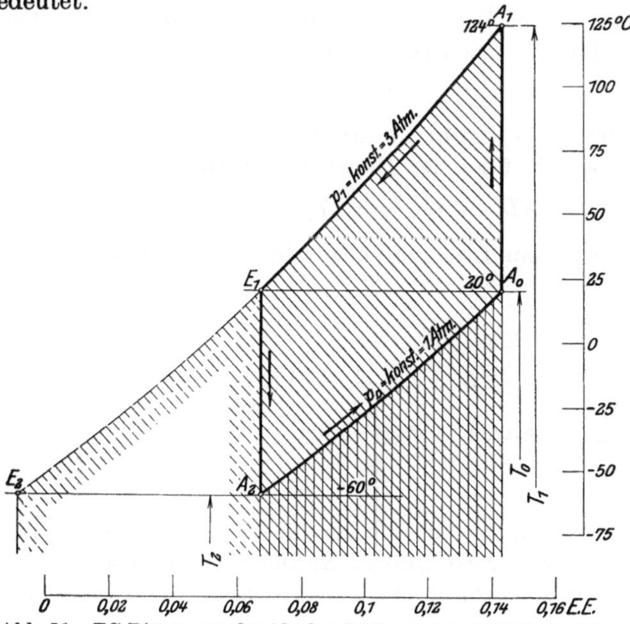

Abb. 71. TS-Diagramm des idealen Luftexpansions-Kälteprozesses.

Nun wird die verdichtete Luft in den Kühler geschoben und dort auf die Anfangstemperatur abgekühlt, ohne daß der Druck sinkt. Bei dieser Annahme ist die ganze der Kompressionsarbeit gleichwertige Wärme $A L_c$ abzuführen. Diese Zustandsänderung wird durch die Strecke $A_1 E_1$ dargestellt, und der unter dieser Strecke liegende Flächenstreifen bis zur Achse durch den absoluten Nullpunkt gemessen, bedeutet die abgeführte Wärme oder die eingeleitete Arbeit (von links oben nach rechts unten schraffiert). Der Endzustand der auf die Temperatur der Umgebung gebrachten Druckluft wird durch E_1 dargestellt.

In diesem Zustand tritt die Preßluft in den Expansionszylinder, wo sie sich nach der adiabatischen Linie $E_1 A_2$ ausdehnt und dabei die Arbeit

$$A L_e = c_p \, (T_0 - T_2)$$

verrichtet; von da fließt die kalt gewordene Luft in den Kühlraum. Die gewonnene Arbeit wird in Abb. 71 dargestellt durch den Flächenstreifen unter der Strecke $E_1 E_2$, der denselben Inhalt wie der Streifen unter der Strecke $A_2 A_0$ aufweist. Man kann also die Fläche unter $E_1 E_2$ nach rechts verschieben bis sie sich mit der Fläche unter $A_0 A_2$ deckt und erhält damit das Bild des geschlossenen Kreisprozesses $A_0 A_1 E_1 A_2 A_0$. Die durch diesen Linienzug umschlossene Fläche ist der Überschuß der Kompressionsarbeit über die Expansionsarbeit, dieser Betrag wird demnach vom Kälteprozeß verbraucht.

Im Kühlraum kann sich die Kaltluft von T_2 auf T_0 erwärmen bei konstant bleibendem Druck p_0; die hierbei aufgenommene Wärme oder die Kälteleistung (senkrecht schraffiert) beträgt

$$Q_2 = AL_e = c_p\,(T_0 - T_2)\,.$$

Der Wärmewert des Arbeitsbedarfes ergibt sich als Unterschied der Kompressionsarbeit über der Expansionsarbeit

$$AL = AL_c - AL_e = c_p\,(T_1 - T_0) - c_p\,(T_0 - T_2)\,.$$

Nun ist bei gleichem Druckverhältnis für Kompression und Expansion

$$\frac{T_1}{T_0} = \frac{T_0}{T_2}\,.$$

Durch Einsetzen folgt

$$AL = c_p \left(\frac{T_1}{T_0} - 1\right)(T_0 - T_2)\,.$$

Das Leistungsverhältnis beträgt daher

$$\varepsilon = \frac{Q_2}{AL} = \frac{T_0}{T_1 - T_0}\,.$$

Man ersieht hieraus, daß auch bei diesem Prozeß von der zugeführten Arbeitseinheit eine um so größere Kälteleistung erzielt wird, je kleiner die Temperaturerhöhung und die entsprechende Druckerhöhung im Kompressor ist.

Das Hubvolumen des Kompressorzylinders ist durch das spezifische Volumen v_0 im Punkt A_0 dargestellt; das Hubvolumen des Expansionszylinders entspricht dem spezifischen Volumen v_2 im Punkt A_2. Das Verhältnis der beiden spezifischen Volumen gibt uns das Größenverhältnis beider Zylinder; bei gleichem Hub und gleicher Umlaufzahl ist dies zugleich das Verhältnis der Zylinderquerschnitte, falls vom Einfluß der schädlichen Räume abgesehen wird:

$$\frac{F_c}{F_e} = \frac{v_0}{v_2} = \frac{T_0}{T_2}\,.$$

Bedeutet G das vom Kompressor in der Stunde angesaugte Luftgewicht, so findet man die stündliche Kälteleistung aus

$$Q = Q_2 \cdot G$$

und die Leistungsaufnahme

$$N = \frac{G \cdot L}{75 \cdot 3600} = \frac{G \cdot (AL)}{632}\,.$$

Auf 1 PS fällt daher an Kälteleistung in der Stunde

$$Q/N = 632 \cdot \varepsilon .$$

Beispiel. Luft im Ansaugezustand $\qquad t_0 = 20^0 \qquad p_0 = 1$ at abs.
Mittlere spezifische Wärme $\qquad c_p = 0,239 .$

Für diese Verhältnisse ergeben sich unter Berücksichtigung der veränderlichen spezifischen Wärme der Luft folgende Werte aus Abb. 71:

Tabelle 19.

Enddruck p_1	at abs.		
	3	4	5
Endtemperatur der adiabatischen Kompression t_1 $\quad ^0$ C	124	155	177
Endtemperatur der adiabatischen Expansion t_2 . . ^{0} C	— 60	— 77	— 89
Kompressionsarbeit AL_c . . . . kcal/kg	24,6	32,3	37,5
Expansionsarbeit AL_e . . . . kcal/kg	19,1	23,2	26,0
Eingeführte Arbeit AL . . . . kcal/kg	5,5	9,1	11,5
Leistungsverhältnis ε	3,17	2,55	2,26
Kälteleistung für 1 PS/h. . . . . kcal/PS	2200	1610	1430

Die Zusammenstellung zeigt, daß dieser Kälteprozeß vom thermodynamischen Standpunkt aus wesentlich ungünstiger ist als der Dampfkompressionsprozeß.

45. Der wirkliche Verlauf.

Die wirkliche Kompression vom gegebenen Anfangspunkt A_0 (Abb. 72) verläuft nicht adiabatisch, sondern es muß zur Überwindung der Kolbenreibung eine zusätzliche Arbeit aufgewendet werden, die in Wärme umgewandelt wird. Daher steigt die Kompressionslinie $A_0 A_1$ vom Anfangspunkt A_0 ausgehend rechts von der Adiabaten aufwärts. Erst bei höher gewordener Temperatur kann das Kühlwasser im Zylindermantel etwas Wärme aus dem Zylinderinhalt abführen, weshalb die Kompressionslinie nach links abbiegt, bevor der Enddruck p_1 erreicht ist.

Eine zweite Abweichung ist der Spannungsabfall vom Kompressionszylinder zum Expansionszylinder, hervorgerufen durch die Bewegungswiderstände. Ferner ist der Kühler häufig nicht befähigt, die Preßluft bis zur Anfangstemperatur abzukühlen. Daher beginnt die Expansion bei einem kleineren Druck p_1' als derjenige im Kompressor, und bei einer höheren Temperatur T_1' als in der freien Atmosphäre, Punkt E_1.

Die Expansion wird beeinträchtigt durch die wärmeren Zylinderwandungen, die bei tiefer sinkender Temperatur etwas Wärme an die arbeitende Luft abgeben; dadurch biegt die Expansionslinie $E_1 A_2$ etwas nach rechts von der Adiabate ab. Alle diese Abweichungen tragen zur Vergrößerung der entsprechenden Entropiewerte bei und verkleinern die Kälteleistung.

Kann sich der Kälteträger im Kühlraum nicht ganz auf die Temperatur T_0 der Außenluft erwärmen, so entweicht er bei einer tieferen

Temperatur T_0' ins Freie; dadurch wird die Kälteleistung dem Unterschied $T_0 - T_0''$ entsprechend weiter verkleinert. Sie wird in diesem Falle nur noch durch den Flächenstreifen unter dem Kurvenstück $A_2 A_0'$ dargestellt.

Ist die Anlage im Betrieb, so können die Kurven aus den Indikatordiagrammen in das Entropiediagramm auf die bereits beschriebene Weise übertragen werden. Außerdem lassen sich die Punkte E_1, A_0' und A_0 durch Messung von Druck und Temperatur leicht eintragen.

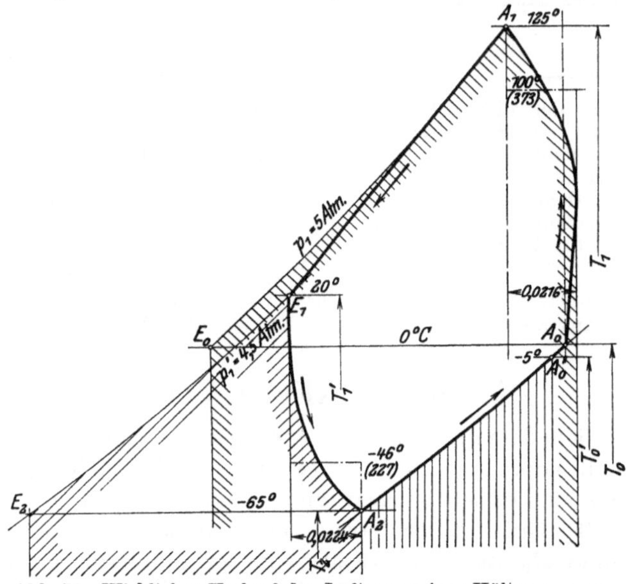

Abb. 72. Wirklicher Verlauf des Luftexpansions-Kälteprozesses.

Der Arbeitsbedarf als Unterschied der Kompressionsarbeit über der Expansionsarbeit wird hier nicht etwa durch die vom Kurvenzug $A_0 A_1 E_1 A_2 A_0$ umschlossene Fläche dargestellt, sondern es sind die Arbeiten beider Zylinder gesondert zu berechnen.

Die Arbeit des Kompressors setzt sich aus zwei Stücken zusammen: das eine entspricht der Fläche unterhalb der Linie $A_1 E_0$ und beträgt $c_p (T_1 - T_0)$; das andere Stück ist der Streifen zwischen der Senkrechten durch A_0 und der zu ihr parallelen Tangente an die Kompressionslinie. Bestimmt man mit dem Planimeter die mittlere Ordinate und multipliziert sie mit der Breite des Streifens, d. h. mit dem Entropieunterschied, so erhält man den Flächenstreifen im Wärmemaß.

Die Kälteleistung für 1 kg Luft (senkrecht schraffierte Fläche) beträgt

$$Q_2 = c_p (T_0' - T_2).$$

Ein einfaches Mittel zur Erhöhung der Leistungsziffer besteht darin, den Enddruck der Kompression klein zu wählen. Dadurch sinkt aber die Kälteleistung auf 1 kg Luft, und man ist zur Erzielung einer bestimmten Kältewirkung gezwungen, große Zylinder anzuwenden, wodurch die Anlagekosten wachsen.

Zur Verbesserung des Prozesses führt ferner die Anwendung eines mehrstufigen Kompressors; die Kompressionsarbeit wird kleiner und der Einfluß des schädlichen Raumes vermindert.

Eine unangenehme Wirkung auf den Gang der Expansion hat die Feuchtigkeit der Luft.

Saugt der Kompressor aus dem Kühlraum an, so ist diese Luft gewöhnlich mit Feuchtigkeit gesättigt. Während der Kompression wird sie überhitzt, bei der Abkühlung scheidet sich aber Wasser aus dem kleiner gewordenen Luftvolumen aus, das mit Feuchtigkeit gesättigt bleibt. Während der nun folgenden Expansion tritt eine Übersättigung ein, d. h. die Feuchtigkeit scheidet sich als Schnee aus.

Zur Vermeidung dieses Niederschlages sind verschiedene Vorschläge entstanden. Die Expansion kann in zwei Zylindern vor sich gehen; im ersten kühlt sich die Luft nur bis etwa 0^0 C ab und scheidet Wasser aus, das nun entfernt wird, bevor die Luft im zweiten Zylinder arbeitet.

Häufig genügt auch eine mechanische Trennung der Wasserteilchen von der Luft beim Verlassen des Kühlers. Allerdings bleibt die als Dampf aufgelöste Feuchtigkeit in der Luft und bildet etwas Schnee, der aber für den Betrieb nicht mehr nachteilig ist.

Ein anderes Mittel besteht in der weiteren Abkühlung der aus dem Kühler tretenden Preßluft bis gegen 0^0 C. Dazu benutzt man die aus dem Kühlraum kommende Luft; sie wird um Trocknungsröhren geleitet, in denen die Preßluft fließt. In diesen schon von William Siemens vorgeschlagenen Temperaturwechsler scheidet sich die Feuchtigkeit vor Beginn der Expansion als Wasser aus.

Der Expansions-Kälteprozeß kann als Mittel dienen, um Luft zu entfeuchten. Eine solche Anlage hat die Firma Brown, Boveri & Cie. A.G., Baden für Goldgruben in Südafrika geliefert [1].

Beispiel. Kaltluftanlage.

Es soll eine Einrichtung zur Erzeugung kalter Luft erstellt werden mit einer Kälteleistung von

$$Q = 10000 \text{ kcal/h}.$$

Für die Druck- und Temperaturverhältnisse liegen die in Abb. 72 eingeschriebenen Annahmen zugrunde. Der Kompressor saugt die Luft aus dem Kühlraum an, und zwar beträgt die Temperatur an der Entnahmestelle $t'_0 = -5^0$ C (A'_0), bei Beginn der Kompression sei sie auf 0^0 C gestiegen (A_0). Die Verdichtung erfolge nach der Kurve $A_0 A_1$ auf 5 at abs. Der Kühler kann die Druckluft von 125^0 auf 20^0 abkühlen; durch Widerstände gehen 0,5 at verloren, bis die Luft im Expansionszylinder arbeiten kann. Damit ist der Anfangspunkt E_1 der Expansionslinie $E_1 A_2$ bestimmt, durch die eine Endtemperatur von $t_2 = -65^0$ C erreicht wird. Von A_2 nach A'_0 vollzieht sich die Kältewirkung.

---

[1] Z. VDI 1930 S. 1667 f.

Für die Arbeit im Kompressionszylinder ist aus der Abbildung
$$A L_c = 0{,}239 \,(125 - 0) + 0{,}0216 \cdot 373 = 37{,}9 \text{ kcal/kg} .$$
Für die Arbeit des Expansionszylinders (Fläche unter dem Linienzug $A_2 E_1 E_2$)
$$A L_e = 0{,}239 \,(20 + 65) + 0{,}0224 \cdot 227 = 25{,}4 \text{ kcal/kg} .$$
Der Arbeitsbedarf beträgt daher
$$A L = 37{,}9 - 25{,}4 = 12{,}5 \text{ kcal/kg} .$$
Ferner ist die Kälteleistung auf 1 kg Luft
$$Q_2 = 0{,}239 \,(65 - 5) = 14{,}34 \text{ kcal/kg} ,$$
womit sich die Leistungsziffer auf $\varepsilon = \dfrac{14{,}34}{12{,}5} = 1{,}15$ stellt. Die Kälteleistung
auf 1 PS/h beträgt

$$\frac{Q_2}{N} = 632 \cdot 1{,}15 = 727 \text{ kcal/PS/h} .$$

Die in der Stunde umlaufende Luftmenge ist

$$G = \frac{10\,000}{14{,}34} = 697 \text{ kg/h}$$

und die indizierte Leistungsaufnahme

$$N_i = \frac{10\,000}{727} = 13{,}8 \text{ PS} .$$

***Die Wärmeübertragung.** Ein Lehr- und Nachschlagebuch für den praktischen Gebrauch. Von Professor Dipl.-Ing. **M. ten Bosch,** Zürich. Zweite, stark erweiterte Auflage. Mit 169 Abbildungen, 69 Zahlentafeln und 53 Anwendungsbeispielen. VIII, 304 Seiten. 1927.　　　　　Gebunden RM 22.50

***Technische Wärmelehre der Gase und Dämpfe.** Eine Einführung für Ingenieure und Studierende. Von Dipl.-Ing. **Franz Seufert,** Oberingenieur für Wärmewirtschaft. Vierte, verbesserte Auflage. Mit 27 Textabbildungen und 5 Zahlentafeln. IV, 86 Seiten. 1931.　　　　　RM 3.—

***Leitfaden der technischen Wärmemechanik.** Kurzes Lehrbuch der Mechanik der Gase und Dämpfe und der mechanischen Wärmelehre von Professor Dipl.-Ing. **W. Schüle.** Fünfte, vermehrte und verbesserte Auflage. Mit 132 Textfiguren und 6 Tafeln. VIII, 323 Seiten. 1928.
RM 7.50; gebunden RM 9.—

Technische Messungen bei Maschinenuntersuchungen und zur Betriebskontrolle. Zum Gebrauch an Maschinenlaboratorien und in der Praxis. Von Dr.-Ing. **A. Gramberg,** Oberingenieur und Direktor bei der IG-Farbenindustrie in Höchst, Honorarprofessor an der Universität Frankfurt a. M. („Maschinentechnisches Versuchswesen", I. Band.) Sechste, vielfach erneuerte und umgearbeitete Auflage. Mit 395 Abbildungen im Text. XV, 488 Seiten. 1933.　　　　　Gebunden RM 24.—

Eine Darstellung der Meßmethoden, die für die Untersuchung fertiger Maschinen bei Abnahmeversuchen und für die Überwachung des Maschinenbetriebes durch die Betriebskontrolle dienen. Die Meßgeräte werden beschrieben und, es wird angegeben, worauf es bei ihrer Benutzung hauptsächlich ankommt.

***Wärme- und Kälteschutz in Wissenschaft und Praxis.** Herausgegeben von den **Deutschen Prioformwerken Bohlander & Co.,** G. m. b.H., Köln. Mit 46 Abbildungen. XIII, 186 Seiten. 1928.
Gebunden RM 16.—

***Der Wärme- und Kälteschutz in der Industrie.** Von Privatdozent Dr.-Ing. **J. S. Cammerer,** Berlin. Mit 94 Textabbildungen und 76 Zahlentafeln. VIII, 276 Seiten. 1928.　　　　　Gebunden RM 21.50

***Prioform-Handbuch.** Herausgegeben von den **Deutschen Prioformwerken Bohlander & Co.,** G. m. b. H., Köln. Zweite, vollkommen neu bearbeitete und erheblich erweiterte Auflage. Erster Teil: Die theoretischen Grundlagen der Wärmeschutztechnik und ihre praktische Auswertung. Zweiter Teil: Zusammenstellungen, Tabellen und Diagramme. Mit 16 Figuren und 13 Seiten Schreibpapier. 283 Seiten. 1930.　　　　　Gebunden RM 15.—

---

* Auf die Preise der vor dem 1. Juli 1931 erschienenen Bücher wird ein Notnachlaß von 10% gewährt.

Additional material from *Kälteprozesse,*
ISBN 978-3-662-35738-5, is available at http://extras.springer.com